Certified Weather Forecaster

弱点克服！

気象予報士試験

学科試験　実技試験

合格対策総仕上げ

日本気象株式会社　お天気学園　著

日本能率協会マネジメントセンター

本書の内容に関するお問い合わせについて

平素は日本能率協会マネジメントセンターの書籍をご利用いただき、ありがとうございます。

弊社では、皆様からのお問い合わせへ適切に対応させていただくため、以下①～④のようにご案内しております。

①お問い合わせ前のご案内について

現在刊行している書籍において、すでに判明している追加・訂正情報を、弊社の下記 Web サイトでご案内しておりますのでご確認ください。

https://www.jmam.co.jp/pub/additional/

②ご質問いただく方法について

①をご覧いただきましても解決しなかった場合には、お手数ですが弊社 Web サイトの「お問い合わせフォーム」をご利用ください。ご利用の際はメールアドレスが必要となります。

https://www.jmam.co.jp/inquiry/form.php

なお、インターネットをご利用ではない場合は、郵便にて下記の宛先までお問い合わせください。電話、FAX でのご質問はお受けしておりません。

〈住所〉 〒103-6009　東京都中央区日本橋 2-7-1　東京日本橋タワー 9F
〈宛先〉 ㈱日本能率協会マネジメントセンター　ラーニングパブリッシング本部　出版部

③回答について

回答は、ご質問いただいた方法によってご返事申し上げます。ご質問の内容によっては弊社での検証や、さらに外部へ問い合わせることがございますので、その場合にはお時間をいただきます。

④ご質問の内容について

おそれいりますが、本書の内容に無関係あるいは内容を超えた事柄、お尋ねの際に記述箇所を特定されないもの、読者固有の環境に起因する問題などのご質問にはお答えできません。資格・検定そのものや試験制度等に関する情報は、各運営団体へお問い合わせください。

また、著者・出版社のいずれも、本書のご利用に対して何らかの保証をするものではなく、本書をお使いの結果について責任を負いかねます。予めご了承ください。

●2

はじめに

　本書は、「ひととおり学習はすませたが、合格まであと一歩届かない」「学科は合格したことがあるが、免除期間が切れてしまった」「実技問題の解答のコツがなかなかつかめない」といった方を読者に想定しています。

　このため、「対流とは何か」のような基礎的な内容は解説を省略しています。逆に、理系の大学生レベルの難しい物理方程式など、試験に直接関係がないと思われる部分は触れていません。

　本書は、以下の3つの内容に分かれています。

（1）第1編　学科一般試験対策

　学科試験「予報業務に関する一般知識」合格に向けて作られた部分です。太字の語句や数値は、学習のキーワードになっています。太字の箇所はマーカーペンなどで見えないようにして、覚えているか確かめるのもお勧めします。

　第2章「気象業務法その他の気象業務に関する法規」は、試験問題形式になっています。法令問題は、毎回4〜5問出題されます。多くの問題をこなして得点力を上げましょう。参考書など何も見ずに解いてどれくらい正解できるかを確認することによって、今の段階での自分の実力や苦手分野を把握することができます。

（2）第2編　学科専門試験対策

　学科試験「予報業務に関する専門知識」合格に向けて作られた部分です。第1編と同様に、太字の語句や数値は、キーワードになっています。こちらも、太字の箇所を覚えているかを確認することによって、今の段階での自分の実力や苦手分野を把握することができます。

（3）第3編　実技試験対策

　実技試験合格に向けて作られた部分で、「シナリオ読解」と「問題読解と解答表現」の二部構成になっています。

①シナリオ読解

　図表から問題のシナリオを読む力を養います。「主役の気象擾乱」や「問題の構成」の解答と解説の太字部分が、キーワードとなっています。こちらも、太字の箇所は、マーカーペンなどで見えないようにして、すぐに答えられるか確かめておきましょう。これにより、本番の実技試験を解く時間を短縮できます。

②問題読解と解答表現

　実技試験は、国語の試験と言っても過言ではありません。どれだけ気象の知識があっても、問題の意味を把握できない、あるいは、解答をうまく表現できないと、点数は取れません。一見正解と思えるような解答例と、それが不正解になってしまう点を挙げています。個々を理解することで、問題文を読む力と答える力を養えます。今の実力を確かめるためには、何も見ずに解くことをお勧めします。その後、わからなかったところは参考書などで調べてみましょう。

　本書とともに、過去問題を繰り返し解くことをお勧めします。繰り返すことで、効率よく答える力が養えます。

※本書の学習期間の目安は2週間です。

※本書の天気図・予想図・衛星画像・注意報・警報図の出典は気象庁です。

2024年4月

日本気象株式会社　お天気学園

気象予報士試験（学科一般・学科専門）
「個人分析表」「気象予報士試験分析結果」プレゼント

―令和5年度第2回（通算第61回）試験～令和7年度第2回（通算第65回）試験対応―

● 特典の内容

　日本気象株式会社 お天気学園では、受験者の解答番号アンケートにより、気象予報士試験（学科一般・学科専門）の平均点・問題の難易度などの細かい分析を行っています。

　アンケート参加者には、気象予報士試験の合格発表後に分析結果をお送りします。自分の理解度・弱点がわかり、今後の学習・再受験に役立てていただけます。

● 特典申込みの流れ

①気象予報士試験試験日から約1週間後に更新される「気象予報士試験（学科一般・専門）解答番号アンケート」にアクセスし、必要事項を入力してください。

URL ▶ https://n-kishou.com/gakuen/yohoushi/course/land/bonus.html

※令和5年度第2回（通算第61回）から令和7年度第2回（通算第65回）までの全5回のうち、直近の試験に対応しています。

※たとえば、通算第62回試験試験日2024年8月25日（日）の約1週間後から、通算第63回試験試験日2025年1月26日（日）の約1週間後までは、通算第62回試験が対象となります。

②気象予報士試験合格発表日の約1週間後から、順次「個人分析表」と「気象予報士試験分析結果」を送付します。

※次ページに個人分析表（1ページ目）のサンプルを掲載しています。

● 気象予報士試験（学科一般・学科専門）「個人分析表」サンプル

雨風　ひなた　　　様

令和5年度第2回（第61回）気象予報士試験　学科分析表

学科一般

問題番号	出題分野	正解番号	解答番号	結果	正解率(%)	偏差
問1	大気の構造(成層圏のオゾン)	3	3	○	76	55
問2	大気における放射(放射平衡)	4	4	○	78	55
問3	大気の熱力学(断熱変化)	5	5	○	73	56
問4	大気の熱力学(断熱変化)	3	3	○	73	56
問5	降水過程(併合過程)	4	4	○	41	62
問6	大気の力学(空気の流出量の計算)	3	3	○	51	59
問7	大気の力学(地衡風)	2	1	/	38	42
問8	大規模な大気の現象（熱輸送）	3	1	/	38	42
問9	大気の運動(竜巻)	4	4	○	73	56
問10	中層大気の特徴(成層圏・中間圏の大気)	1	1	○	47	60
問11	気候の変動(温室効果気体)	5	5	○	89	53
問12	気象業務法(気象予報士について)	5	5	○	70	56
問13	気象業務法(予報業務の許可)	5	5	○	70	56
問14	気象業務法(気象観測)	2	2	○	92	53
問15	災害対策基本法(市町村の責務など)	1	1	○	81	55

あなたの得点	13		前回の成績	
平均点	9.9		前回の平均点	9.8
合格ライン	11		前回の合格ライン	11

学科専門

問題番号	出題分野	正解番号	解答番号	結果	正解率(%)	偏差
問1	観測の成果の利用(全天日射と直達日射)	4	4	○	75	56
問2	観測の成果の利用(ウィンドプロファイラ)	4	4	○	70	56
問3	観測の成果の利用 (観測機器)	1	1	○	60	58
問4	数値予報(全球・メソモデル)	2	2	○	75	56
問5	数値予報(アンサンブル予報)	4	4	○	80	55
問6	ガイダンス(誤差の低減など)	2	2	○	78	55
問7	短時間予報(雷ナウキャスト)	2	1	/	60	38
問8	観測の成果の利用(衛星画像の見方)	3	2	/	43	42
問9	気象現象(温帯低気圧)	3	3	○	65	57
問10	気象現象(台風)	1	1	○	58	58
問11	気象現象(海陸風)	5	5	○	60	58
問12	気象情報(特別警報、警報、注意報)	3	1	/	55	39
問13	気象情報(警報、注意報など)	1	5	/	55	39
問14	予想の精度の評価(検証指標の見方)	5	3	/	75	33
問15	長期予報(偏差図の見方)	2	2	○	75	56

あなたの得点	10		前回の成績	
平均点	9.8		前回の平均点	9.0
合格ライン	11		前回の合格ライン	10

※正解率50％以上は赤字で、70％以上は塗りつぶしで表示しています。50％以上の問題は正解したい問題、70％以上の問題はぜひとも正解したい問題とお考えください。
※正解率・偏差・平均点は収集したアンケートをもとに独自に分析・作成したものです。従って実際のデータとは差異が生じますのでご留意ください。

<振り返り>
【学科一般】
合格おめでとうございます！正解率の高い問題をしっかりと正解されたことが勝因でしょう。

【学科専門】
惜しい！合格まであと一点！前半はとても良い成績でしたが後半に失速しています。正解率の高い問題を確実に正解できるよう復習しましょう。気象情報など実技に関わる部分が正解できると強みになります

<アドバイス>
しっかり復習すれば次は実技試験の合格まで狙えるでしょう。実技試験の勉強中に、学科専門でも問われる分野や用語が登場したら、都度掘り下げて復習すれば一石二鳥です。応援しています！

● その他

　日本気象株式会社 お天気学園では、「気象予報士試験解説」や「実技試験の着目ポイント」など、各種の学習動画を配信しています。本書の学習の補強としてご活用いただけます。

お天気学園チャンネル YouTube ▶ https://www.youtube.com/@otenkigakuen

CONTENTS

弱点克服！　気象予報士試験（学科試験・実技試験）合格対策総仕上げ

第 1 編 ｜ 学科一般試験対策

第 1 章 予報業務に関する一般知識

第2章　気象業務法その他の気象業務に関する法規

① 法規練習問題 ……………………………………………… 143

② 法規練習問題の解説と解答 …………………………… 163

第 2 編 　学科専門試験対策

第1章　予報業務に関する専門知識

第2章 気象の予報用語

第 3 編 **実技試験対策**

第1章 実技試験対策演習問題

第2章 実技試験対策演習問題の解答と解説

気象予報士試験とは

　気象予報士は、予報業務を行う際に必要となる国家資格です。気象業務法第19条の3に、「気象庁以外のものが許可を受けて予報業務を行おうとするとき、現象の予想は気象予報士に行なわせなければならない」と定められています。

　気象予報士試験は、試験の合格者が現象の予想を適確に行うに足る能力を持ち、気象予報士の資格を有することを認定するために行われるものです。試験は年2回、気象業務支援センター（http://www.jmbsc.or.jp/jp/examination/examination.html）により実施されています。受験資格はなく、直近5回の令和3年度第2回（通算第57回）試験から令和5年度第2回（通算第61回）試験まででは、約4,500～4,900人が申請し、約3,600～4,300人が受験しています。また、直近5回の合格率の平均は、約5.3％です。

　気象予報士試験の試験日程は、以下のとおりです。

●第1回試験日

試験日	8月下旬
申込み期間	6月中旬から7月上旬
合格発表	10月中旬

●第2回試験日

試験日	1月下旬
申込み期間	11月中旬から11月下旬
合格発表	3月中旬

　気象予報士の試験内容は、学科試験と実技試験で構成されており、気象に

関する専門知識が問われます。気象予報士試験の科目は、以下のとおりです。

●学科試験の科目

1 予報業務に関する 　　一般知識	大気の構造、大気の熱力学、降水過程、大気における放射、大気の力学、気象現象、気候の変動、気象業務法その他の気象業務に関する法規
2 予報業務に関する 　　専門知識	観測の成果の利用、数値予報、短期予報・中期予報、長期予報、局地予報、短時間予報、気象災害、予想の精度の評価、気象の予想の応用

●実技試験の科目

1 気象概況及びその変動の把握 2 局地的な気象の予報 3 台風等緊急時における対応

　気象予報士試験の合格の目安は、以下の基準のとおりです。ただし、難易度によって調整される場合があります。

●合格基準

学科試験（予報業務に関する一般知識）	15問中正解が11以上
学科試験（予報業務に関する専門知識）	15問中正解が11以上
実技試験	総得点が満点の70%以上

●科目免除

　学科試験の全部、または、予報業務に関する一般知識・予報業務に関する専門知識のどちらかに合格した場合、申請により、合格発表日から1年以内に行われる試験について、合格した科目の試験が免除されます。

　まずは、学科試験の合格を目指し、次に、実技試験の対策に集中的に取り組むのも、1つの方法と考えられます。

第 1 編

学科一般試験対策

1 大気の構造

1 大気の層

　地球の大気は、層を成すように地表を覆っています。大気の層は、温度変化の違いによって、地表に近い側から**対流圏、成層圏、中間圏、熱圏**に分けられます。

　それぞれの層の境界を圏界面といい、最も地表に近いものから、対流圏界面、成層圏界面、中間圏界面の3つがあります。対流圏界面の高さは、対流圏内の平均気温に依存するため、季節では夏が高く、緯度では低緯度のほうが高くなります。

図表1-1 | 大気の温度構造

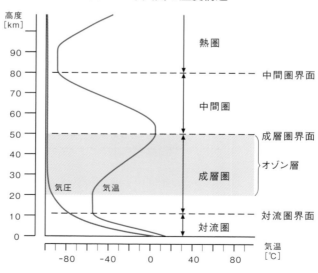

　地表から高度約11kmまでの大気の層を、対流圏といいます。気象現象のほとんどは対流圏の中で起こり、予報で扱うのは対流圏の中の現象です。対流圏では、高度が高いほど気温が低くなります。対流圏の厚さは、緯度や季節により大きく変化します。

　高度約10kmから約30kmでは、低緯度で上昇して中緯度から高緯度で下降する気流があり、**ブリューワー・ドブソン循環**といいます。

　高度約11kmから約50kmまでの大気の層を、成層圏といいます。下層では、温度変化はほとんどありませんが、高度約20km以上では、高度が高いほど気温が**高く**なります。これは、主に**オゾン**が紫外線を吸収することによります。特に25km付近を中心にオゾン密度が大きいところがあり、**オゾン層**といいます。オゾンは、夏半球から冬半球へ運ばれるため、**冬から春先の高緯度**で多くなります。

　高度約50kmから約80kmまでの大気の層を、中間圏といいます。中間圏では、対流圏と同じく、高度が高いほど気温が**低く**なります。地表から中間圏までの大気の組成は、ほぼ一定です。

　高度約 80km 以上の大気の層を、熱圏といいます。大気の組成は、高度とともに変化し、高度が高いほど軽い気体が多くなります。高度約170 kmから約500kmでは、酸素が主成分、それ以上では、ヘリウムが主成分です。熱圏では、大気の密度は非常に**小さく**なります。

図表1-2 │ **高度約10km〜約70kmの大気の流れ**

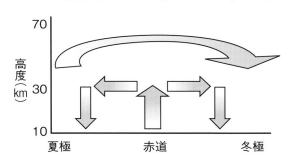

　成層圏の気温極大高度（成層圏界面）とオゾン層は、高さが異なり、気温

第1編

学科一般試験対策

第2編

第3編

極大高度は高度約50km、オゾン層は高度約25kmです。

図表1-3 | **オゾン数密度の変化**

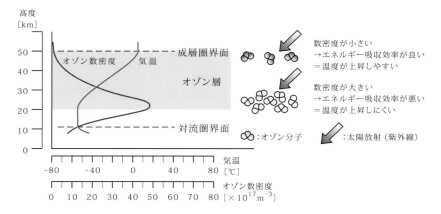

学習のポイント

- **熱圏内の気温**：大気密度が小さいため、昼夜・季節・太陽活動の変化によって大きく変わる。
- **オゾンの生成量**：赤道付近で多くなるが、気流（ブリューワー・ドブソン循環）によって運ばれるため、オゾン量は冬から春先の高緯度で多くなる。
- オゾンホールが発生するのは、春（10～11月）の南極であることにも注意する。

理解度チェック

（演習問題）

　大気の構造について述べた次の文（a）～（d）の正誤について正しいものを、下記の①～⑤の中から1つ選べ。

（a）　上空25km付近はオゾンの密度が一番大きく、成層圏内で一番気温の高いところとなっている。

（b）　オゾンは冬半球から夏半球へ運ばれるため、夏の高緯度で多くなる。

（c）　高度約10～30kmでは、高緯度で上昇して中緯度から低緯度で下降す

る流れがあり、ブリューワー・ドブソン循環といわれる。

(d) 大気は地表に近い側から対流圏、成層圏、中間圏、熱圏に分けられ、成層圏と中間圏の境界を中間圏界面という。

① （a）のみ正しい

② （b）のみ正しい

③ （c）のみ正しい

④ （d）のみ正しい

⑤ すべて誤り

> **解説と解答**

(a) 上空25km付近はオゾンの密度が一番大きく、成層圏内で一番気温の高いところは上空50km付近である。

(b) オゾンは夏半球から冬半球へ運ばれるため、冬から春先の高緯度で多くなる。

(c) 高度約10〜30kmでは、低緯度で上昇して中緯度から高緯度で下降する流れがあり、ブリューワー・ドブソン循環といわれる。

(d) 大気は地表に近い側から対流圏、成層圏、中間圏、熱圏に分けられ、成層圏と中間圏の境界を成層圏界面という。

解答：⑤すべて誤り

2 大気の構成

　大気の中で起こる現象（気象）は、**太陽（太陽活動）**に関係しています。熱エネルギーは大気の運動を発生させ、光は光学現象を発生させます。

　太陽系のうちでも、地球は特徴的な構成要素を持ち、**水**の存在に象徴されます。水は、**海洋水**として約96.5％、淡水として約2.5％存在しています。なお、淡水の大部分は氷や氷河として存在するため、地下水、河川、湖沼などの水として存在する淡水の量は約0.8％です。

　大気中の水の量は、約0.001％と**非常に少ない**です。水が固体・液体・気体の3態を自在に変化させることによって、雲になり雨になるなど、天気に

変化をもたらします。

　また、地表を取り巻く大気の組成も、太陽系の他の惑星とは異なっています。地球の大気の組成比（体積比）は、**約78％が窒素、約21％が酸素、約1％がアルゴン、約0.03％が二酸化炭素**などです。**地上80km前後の高度までは、組成が一定**になっています。これに対し、金星や火星の大気の組成は、大部分が二酸化炭素です。

　なお、水蒸気は場所（高度）による変化が大きいことなどから、大気組成に含めないこともあります。大気の化学組成比は、高度約80kmまでほぼ一定になっていて、**均質層**といいます。

図表1-4 ｜ 地球大気（対流圏）の化学組成比

物質名	分子式	分子量	存在比（体積割合：%）
窒素	N_2	28	78.1
酸素	O_2	32	21.0
アルゴン	Ar	40	0.93
二酸化炭素	CO_2	44	3.2×10^{-2}
ネオン	Ne	20	1.8×10^{-3}
一酸化炭素	CO	28	1.2×10^{-5}
水蒸気	H_2O	18	不定
オゾン	O_3	48	不定

　水蒸気やオゾンの存在比は、変動して定まりませんが、水蒸気は多くて2.8％、オゾンは多くて2.0×10^{-6}％です。

▌学習のポイント

● **地球大気の組成比**：高度約80kmの中間圏界面までは大気の循環があり、かき混ぜられているため、組成比は一定。
● 高度80kmより上空の熱圏内になると重力分離が起こるため、高さとともに軽い分子・原子が主成分になる。

▌理解度チェック

（練習問題）

　大気の組成比について述べた次の文中の空欄（a）〜（d）に入る語句の

組み合わせとして正しいものを、下記の①～⑤の中から１つ選べ。

　気体の組成比は、（a）が約78％と最も多く、次いで（b）が約21％、アルゴンが約（c）％になっている。二酸化炭素は、わずか0.03％である。なお、水蒸気は場所による変化が大きいことから、大気組成に含めないこともある。この大気の化学組成比は、高度約80kmまでほぼ一定で、（d）層という。

① （a）窒素　（b）酸素　（c）1　（d）均質
② （a）窒素　（b）酸素　（c）2　（d）接地
③ （a）窒素　（b）酸素　（c）3　（d）均質
④ （a）酸素　（b）窒素　（c）2　（d）接地
⑤ （a）酸素　（b）窒素　（c）1　（d）均質

解説と解答

　気体の組成比（体積比）は、約78％が窒素、約21％が酸素、約1％がアルゴン、約0.03％が二酸化炭素である。地上80km前後の高度までは、組成が一定になっている。金星や火星の大気の組成は、大部分が二酸化炭素である。

　水蒸気は場所（高度）による変化が大きいことなどから、大気組成に含めないこともある。大気の化学組成比は、高度約80kmまでほぼ一定になっていて、均質層という。

解答：① (a) 窒素　(b) 酸素　(c) 1　(d) 均質

3　電離層

　高度100km以上の大気中には、多くの電子が存在しています。この電子は、窒素や酸素などの分子や原子が、波長0.1μm以下の**紫外線**を吸収してできたものです。原子から電子が分離した状態をイオン化または**電離**といいます。電子が特に多く存在する層（電子の密度が大きい層）を、**電離層**といいます。

　電離層は3つあり、高度約100kmに存在する層を**E層**、高度約200kmに存在する層を**F1層**、高度約250kmに存在する層を**F2層**といいます。夜間は、F1層とF2層が1層になる場合があります。

また、電離層とは別に、高度100km以下で弱いながら電離した状態にある層を、**D層**といいます。夜間には、D層がほぼ消失した状態になります。太陽活動が活発なほど電離が進むため、太陽表面に爆発（フレア）が発生すると、**デリンジャー現象**という**電波障害**や**磁気嵐**が発生する場合があります。磁気嵐が発生した場合には、極地方にオーロラが見られる場合が多いです。

図表1-5 | 電離層の分布

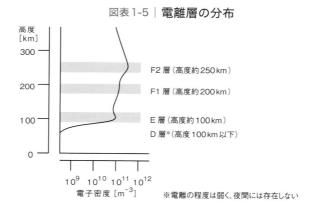

学習のポイント

● 熱圏内で気温が上昇するのは、主に空気分子・原子が紫外線を吸収するためである。

● 熱圏に関する過去の出題は少ないが、熱圏内の気温上昇について、窒素原子や酸素原子が光電離によって波長0.1μm以下の紫外線を吸収するため、上層ほど高温になっていることは覚えておく。

理解度チェック

（演習問題）

　熱圏の特徴について述べた次の文章の空欄（a）〜（d）に入る語句の組み合わせとして適切なものを、下記の①〜⑤の中から1つ選べ。

　空気の分子や原子が波長0.1μm以下の（a）を吸収すると電子が放出さ

れる。この放出された電子が特に多く存在する層を（b）という。太陽活動が活発であるほど光電離が進むため、太陽面に爆発（フレア）が発生すると、（c）や磁気嵐（地磁気の減少）が生じる場合がある。なお、窒素原子や酸素原子が光電離によって波長 0.1μm 以下の（a）を吸収するため、上層ほど（d）になっている。

① （a）赤外線　（b）解離層　（c）デリンジャー現象　（d）高温
② （a）赤外線　（b）解離層　（c）デリンジャー現象　（d）低温
③ （a）赤外線　（b）電離層　（c）デンジャラー現象　（d）低温
④ （a）紫外線　（b）電離層　（c）デリンジャー現象　（d）高温
⑤ （a）紫外線　（b）電離層　（c）デンジャラー現象　（d）低温

解説と解答

　熱圏と電離層について、分子や原子が波長0.1μm以下の紫外線を吸収すると、光電離が生じて電子が放出される。この放出された電子が特に多く存在する層を電離層という。太陽活動が活発であるほど光電離が進むため、太陽面に爆発が発生すると、デリンジャー現象や磁気嵐が生じる場合がある。

　窒素原子や酸素原子が光電離によって波長 0.1μm 以下の紫外線を吸収するため、上層ほど高温になっている。ただし、上層では大気の密度が非常に小さくなるため、上部は等温になる。

解答：④ (a) 紫外線　(b) 電離層　(C) デリンジャー現象　(d) 高温

2　大気の熱力学

1　理想気体の状態方程式と静力学平衡

（1）理想気体の状態方程式

　一般に、気体の質量、気圧、温度は相互に関係があります。体積Vの気体の質量をm、気圧をP、温度をTとすると、**P×V＝m×R×T**の関係が成り立ちます。これを理想気体の状態方程式といい、両辺をVで割ると、以下に変形できます。

> **P＝ρ×R×T**（気圧＝密度×気体定数×温度）
>
> ※一般に、物理量の単位は気圧Pa、密度kg/m³、温度K
>
> ※乾燥空気の気体定数Rは、287J/（K×kg）
>
> ※絶対温度の単位のケルビンKと摂氏温度℃の間には、絶対温度K＝摂氏温度℃＋273.1℃の関係がある。

　気圧の単位を**Pa（パスカル）**とすると、質量の単位は**kg**、温度の単位は**K（ケルビン）**、体積の単位は**m³**、気体定数の単位は**JK⁻¹kg⁻¹（ジュールケルビンマイナス1乗キログラムマイナス1乗）**になります。

　Rは、気体に固有の定数（気体定数）です。気体定数Rは、一般気体の気体定数$8.3143 \times 10^3 JK^{-1}kmol^{-1}$を気体の分子量で割った値になります。また、乾燥空気の定数は、乾燥空気の**定圧比熱**から**定積比熱（定容比熱）**を引いたものに等しくなります。

　理想気体の状態方程式が成り立つ場合、次のとおりです。

・温度が変わらない等温変化のとき、気体の圧力が高いほど体積は**小さく**なり、密度は**大きく**なる。

・圧力が変わらない等圧変化のとき、気体の体積が大きいほど温度は**高く**なり、温度が高いほど密度は**小さく**なる。

・体積が変わらない等積変化のとき、圧力が高いほど気体の温度は**高く**なる。

図表2-1 | 理想気体の状態

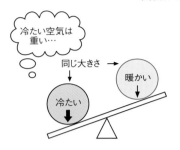
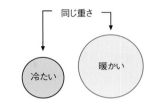

気圧が等しいとき、
同じ体積の空気塊では冷たいほど質量が大きい。
→空気が冷たいほど密度が大きい。

気圧が等しいとき、
同じ重さの空気塊では冷たいほど体積が小さい。
→空気が冷たいほど密度が大きい。

（2）静力学平衡の関係式

静力学平衡の状態とは、大気に働く重力と気圧傾度力が釣り合った状態で、大気が上下に動かないことを表します。空中に静止した風船のイメージです（**図表2-2**）。大気にかかる重力が大気の鉛直方向の圧力差と釣り合っている状態を、静力学平衡（静水圧平衡）といいます。

図表2-2 | 静力学平衡の状態

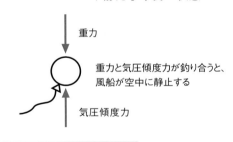

重力

重力と気圧傾度力が釣り合うと、
風船が空中に静止する

気圧傾度力

静力学平衡の場合、気圧差を⊿P、密度をρ、重力加速度を g、高度差（層厚）を⊿zとすると、**⊿P＝−ρ×g×⊿z**の関係が成り立ちます。重力は、高度が高くなるほど**小さく**なります。気圧や空気の密度は、高度が高くなると**小さく**なります。このため、関係式の一辺がマイナスになります。

関係式から、⊿Pが一定であるなら、大気密度と層厚は**反比例**することがわかります。

▌学習のポイント

- **理想気体の状態方程式**：大気密度を ρ とおけば $P = \rho RT$ と表せる。
- **要素の単位**：一般的に気圧はhPaではなくPa、気温は℃ではなくK、質量はgではなくkgを用いる。要素の単位は過去に出題例があり、気体定数の単位は比熱と同じになることに注意する。
- **気体定数**：乾燥空気の気体定数は287JK^{-1}kg^{-1}であり、乾燥空気の定圧比熱（1004JK^{-1}kg^{-1}）から乾燥空気の定積比熱（717JK^{-1}kg^{-1}）を引いたものに等しくなる。
- **ボイル・シャルルの法則**：質量が一定のとき、気体の体積Vは、圧力pに反比例し、絶対温度Tに比例する。ボイル・シャルルの法則の出題では、「大きくなる」「小さくなる」を混乱してミスをしないよう注意する。ミスを防ぐ方法として、「山に登ると気圧が減少し、持ち物の密閉されている袋（体積）が膨らむ」といった身近な例を覚えておくとよい。
- **静力学平衡の関係**：気圧差の単位はPa、密度はkgm^{-3}、重力加速度はms^{-2}、高度差（層厚）はmを使う。$⊿P = -\rho \times g \times ⊿z$ の式から、気圧差一定なら、大気密度と層厚が反比例することがわかる。

▌理解度チェック

演習問題

理想気体の状態方程式について述べた次の文（a）～（c）の正誤の組み合わせとして正しいものを、下記の①～⑤の中から1つ選べ。

（a）乾燥空気の密度は気圧に関わらず、その温度が高いほど小さくなる。

（b）温度と密度が同じならば乾燥空気圧は湿潤空気圧より高い。

（c）気圧の単位をPa、密度の単位をkgm^{-3}、温度の単位をKとすれば、気体定数の単位はm^2 s^{-2} K^{-1} で表すことができる。

     （a）   （b）   （c）

① 正   誤   正

② 正　　正　　誤
③ 正　　誤　　誤
④ 誤　　正　　正
⑤ 誤　　誤　　正

解説と解答

（a）理想気体の状態方程式より、$\rho = P/(RT)$。したがって、温度が高くても気圧が高ければ密度が小さくなるとは限らない。

（b）$P = \rho RT$ より、温度と密度が同じなら圧力は気体定数に比例する。また、気体定数は分子量が大きいほど小さくなる。乾燥空気の分子量は湿潤空気より大きいため、気体定数は乾燥空気のほうが小さい。したがって、乾燥空気圧のほうが湿潤空気圧より低くなる。

（c）理想気体の状態方程式より、$R = P/(\rho T)$。気圧の単位にPa、密度の単位にkgm^{-3}、温度の単位にKを当てはめると、$R = Pa/(kgm^{-3}K)$、また、$Pa = Nm^{-2} = kg \times ms^{-2} \times m^{-2} = kgm^{-1}s^{-2}$ となる。理想気体の状態方程式に代入すると、$R = kgm^{-1}s^{-2}/kgm^{-3}K$、$R = m^2s^{-2}K^{-1}$ となる。

解答：⑤ （a）誤　（b）誤　（c）正

2　熱力学の第一法則

　物体に対して外部から熱（エネルギー）が与えられると、物体はその熱を使って仕事をし、内部エネルギーを増加させます。これは、人が食事をし、そのエネルギーを使うことで運動ができたり、体温が上がったりするのと似ています。

　なお、外部から熱が与えられない状態で仕事したり、温度変化したりすることを**断熱変化**といいます。

図表2-3 | 熱力学の第一法則のイメージ

　熱力学の第一法則は、物体が外部から熱の供給を受けた場合、その熱は、外部に対して行う**仕事**と**内部エネルギー**の増加に充てられることを示すものです。

　内部エネルギーは、空気自身が持っているエネルギーで、エネルギーの大きさは、その空気の**温度（絶対温度）**に比例します。与えられた**熱量**を⊿Q、外部への仕事の増加分を⊿W、内部エネルギーの増加分を⊿Uとすると、**⊿Q＝⊿W＋⊿U…式a**で表されます。仕事とは、**力**と**距離**の積です。

　断熱変化の場合、**⊿Q＝0**となります。断熱変化のとき、仕事が増加する、つまり、空気塊が**膨張**すると、そこで使われた分だけ内部エネルギーが減少する、つまり、空気塊の温度が**下降**することになります。

　また、**式a**より、乾燥空気の定圧比熱と定積比熱を比べると、**定圧比熱**のほうが大きいことがわかります。

学習のポイント

- 膨張→仕事の増加、圧縮→仕事の減少と考える。
- **断熱変化**：周囲から熱が与えられないため、⊿W＋⊿U＝0となり、仕事が増えた分だけ内部エネルギーが減少することになる。したがって、空気塊の内部の温度が下がる。
- 気圧を一定にして空気塊を加熱すると、空気塊は膨張する。つまり、与えられた熱量は、仕事の増加分にも使われる。一方で、体積を一定にして空気塊を加熱すると、膨張はしないため、仕事の増加分は0となる。つま

り、与えられた熱量は、すべて内部エネルギーの増加に充てられる。したがって、同じエネルギーを与えた場合、定圧状態のほうが熱しにくい。つまり、定圧比熱のほうが大きいことになる。

- 「熱しにくく、冷めにくいもの→比熱が大きい」「熱しやすく、冷めやすいもの→比熱が小さい」と考える。
- **比熱**：ある単位質量の物質を単位温度上昇させるために必要なエネルギーのことをいう。
- 定積比熱が仕事（体積を大きくしたり小さくしたりすること）をしない比熱であるのに対し、定圧比熱は体積の増加にもエネルギーを使うため、定圧比熱のほうが大きくなる。

理解度チェック

演習問題

　理想気体の乾燥空気塊について述べた（a）〜（c）の正誤の組み合わせとして正しいものを、下記の①〜⑤の中から1つ選べ。

（a）同じ体積、気圧、温度を持つ2つの空気に、同じ量の熱エネルギーを与えた場合、「空気塊の圧力が一定」のほうが、「空気塊の体積が一定」の場合よりも熱しにくい。

（b）非断熱的に空気塊が膨張した場合は、必ずその空気塊の気温は低下する。

（c）空気塊の内部エネルギーの大きさは、その空気塊の絶対温度に反比例する。

	(a)	(b)	(c)
①	正	誤	正
②	正	正	誤
③	正	誤	誤
④	誤	正	正
⑤	誤	誤	正

(a) 気圧を一定にして空気塊を加熱すると、温度が上昇するとともに体積も膨張する。つまり、与えられた熱量は、仕事の増加分にも使われるため熱しにくい。

(b)「非断熱的に空気が膨張」とあるため、外部から熱を加えて膨張した場合も該当する。外部から熱が加わると、当然ながら空気塊の温度が上昇することがある。

(c) 空気塊の内部エネルギーの大きさは、その空気の絶対温度に比例する。

解答：③（a）正　（b）誤　（c）誤

3　温位と相当温位

（1）温位

　乾燥空気とは**水蒸気を除いた空気**、湿潤空気とは**水蒸気を含めた空気**を指します。乾燥空気については、次の方程式が成立します。

$\theta = T(p0/p)Rd/Cp$

　p0は標準気圧（1000hPa）、Rdは乾燥空気の気体定数、Cpは定圧比熱を表します。θは**温位**と呼ばれ、ある高度における空気を断熱的に上昇、または、下降させたときに、空気が持っている温度です。通常は、ある高さにある空気塊を1000hPaまで**乾燥断熱変化**させたときの温度と考えられます。

　乾燥断熱変化では、温位は保存されます。つまり、1000hPaで20℃の乾燥空気を断熱的に500m上昇させると、気温は15℃（288k）になりますが、温位は20℃（293K）です。

（2）相当温位

　湿潤空気については、次の方程式が成立します。

$\theta e = \theta \exp(L\omega s/CpT)$

　θは温位、Lは凝結熱（蒸発熱）、ωsは飽和混合比、expは指数関数を表します。θeは、**相当温位**と呼ばれ、断熱変化では保存されます。相当温位は、ある高さにある空気塊を断熱的に上昇させ、含んでいる水蒸気をすべて

凝結させた後、1000hPaまで断熱的に下降させたときの温度です。

　水蒸気を含む空気を断熱的に持ち上げると、やがて飽和に達して**湿潤断熱変化**します。そのまま上昇を続けると、湿潤断熱線はやがて乾燥断熱線に平行になります。このとき、水蒸気はすべて取り除かれることになり、その状態で1000hPaまで乾燥断熱変化させ、下降させたときの温度が相当温位になります。

　湿球温位は、ある高さにある空気塊の**湿球温度**を1000hPaまで**湿潤断熱変化**させたときの温度です。ある湿潤空気の温位・相当温位・湿球温位の大小関係を比較すると、**相当温位＞温位＞湿球温位**になります。ただし、高さが1000hPaで飽和している空気は、**温位＝湿球温位**となります。

▌学習のポイント

- **乾燥と湿潤**：使う局面で意味合いが変わることに注意する。たとえば、乾燥空気の「乾燥」は、水蒸気を含めていないことを示すが、乾燥断熱減率の「乾燥」は、水蒸気を含んでいても未飽和であることを示す。したがって、生活空間の空気は、「湿潤空気」になる（湿潤空気＝乾燥空気＋水蒸気）。

- **温位**：空気塊の持つ実質的な温度。高さを統一した温度になる（通常は、1000hPa）。なお、$\theta = T(p0/p)Rd/Cp$ より、気圧が一定なら気温と温位は比例する。

- **相当温位**：温位に、空気塊が持つ水蒸気がすべて凝結したときに放出される潜熱による昇温分も加えた温度。したがって、湿潤空気なら必ず相当温位＞温位になる。

- **湿球温位**：ある高さの空気塊の湿球温度を1000hPaまで湿潤断熱変化させた温度。温位より低くなる。

- **湿球温度**：感部を湿ったガーゼで包み、風に当ててガーゼから十分に水を蒸発させて読み取った温度をいう。

温位と相当温位について述べた次の文（a）〜（c）の正誤の組み合わせとして正しいものを、下記の①〜⑤の中から1つ選べ。

（a）温位とは、ある高さにある空気塊を1000hPaまで湿潤断熱変化させたときの温度である。

（b）湿潤空気の場合、1000hPa以上の気圧の空気塊は、相当温位と温位が等しくなる。

（c）相当温位とは、ある高さにある空気塊を断熱的に上昇させ、含んでいる水蒸気をすべて凝結させた後、1000hPaまで断熱的に下降させたときの温度をいう。

	（a）	（b）	（c）
①	正	正	正
②	正	誤	正
③	正	誤	誤
④	誤	正	誤
⑤	誤	誤	正

解説と解答

（a）温位とは、ある高さにある空気塊を1000hPaまで乾燥断熱変化させたときの温度をいう。

（b）湿潤空気の場合は、相当温位のほうが温位よりも必ず大きくなる。

（c）相当温位とは、空気塊を断熱的に上昇させ、含んでいる水蒸気をすべて凝結させた後、1000hPaまで断熱的に下降させたときの温度といえる。

解答：⑤ （a）誤 （b）誤 （c）正

4 大気の水分と露点温度・湿球温度

（1）大気の水分

図表2-4は右は湿球温度計、**図表2-4**の左は乾球温度計（一般的な気温の

計測に使われる棒状温度計）です。

図表2-4 ｜ 乾球温度計（左）と湿球温度計（右）

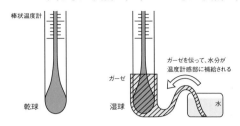

感部を湿ったガーゼで包み、風に当ててガーゼから十分に水を**蒸発**させて読み取った温度を、**湿球温度**といいます（**図表2-5**右）。**気圧**を変えずに気温を下げて飽和に達したときの温度を、**露点温度**といいます（**図表2-5**左）。露点温度が高いほど、水蒸気圧は**高い**状態になります。露点温度と湿球温度の大小関係を等号・不等号で表すと、飽和空気の場合は**露点温度＝湿球温度**になり、未飽和空気の場合は**露点温度＜湿球温度**になります。

図表2-5 ｜ 露点温度と湿球温度

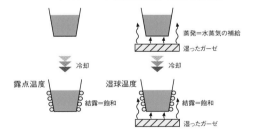

単位体積の空気に含まれる水蒸気の質量（水蒸気密度）を、そのときの温度における**飽和水蒸気密度**で割った値（比率）を、**相対湿度**といいます。水蒸気圧と飽和水蒸気圧、混合比と飽和混合比の比率を用いても、同じ値になります。

混合比を持つ湿潤空気と同圧・同比容の乾燥空気が持つべき仮想的な温度

を、**仮温度**といいます。同じ温度の空気の場合、水蒸気量を多く含んでいる空気のほうが、仮温度は**高く**なります。なお、比容は、単位質量の物質が占める容積のことで、密度の逆数に等しく、比容積・比体積ともいいます。

気温から露点温度を引いた値を、**湿数**といいます。湿数が小さいほど、相対湿度は**高い**状態になります。

（2）露点温度と湿球温度

露点温度は、水蒸気圧が変わらないまま飽和水蒸気圧が小さくなって飽和に達する温度です。湿球温度は、水蒸気圧が増えながら飽和水蒸気圧が小さくなって飽和に達する温度です。したがって、同じ気温・水蒸気圧＝同じ相対湿度の空気A・Bで考えると、**図表2-6**・**図表2-7**のように、湿球温度のほうが高くなります。ただし、飽和空気の場合は、気温・露点温度・湿球温度の3つは等しくなります。

容器を飽和水蒸気圧、中身を水蒸気圧とすると、**図表2-6**の露点温度は10℃になります。

図表2-6 ｜ 空気Aの露点温度

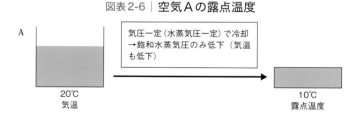

容器を飽和水蒸気圧、中身を水蒸気圧とすると、**図表2-7**の湿球温度は15℃になります。

図表2-7 ｜ 空気Bの湿球温度

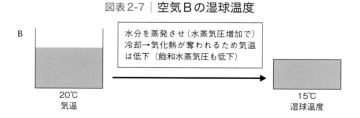

（3）混合比と比湿

　水蒸気密度と**乾燥空気密度**の比（単位体積が同じなら、水蒸気と乾燥空気の質量比）を、**混合比**といいます。水蒸気密度と**湿潤空気密度**の比（単位体積が同じなら、水蒸気と湿潤空気の質量比）を、**比湿**といいます。

　混合比は男女比のようなもの、比湿は全体比のようなものとイメージすると理解しやすくなります。

図表2-8 ｜ 混合比と比湿のイメージ

※青と黒の比＝ 4：8 （＝ 1：2）→混合比のイメージ
※青と全体の比＝ 4：12 （＝ 1：3）→比湿のイメージ

（4）飽和混合比

　飽和水蒸気密度と乾燥空気密度の比を、**飽和混合比**といいます。飽和水蒸気圧と飽和水蒸気密度は、気温にのみに依存します。飽和混合比は、**気温と気圧**に依存します。

　飽和混合比は、エマグラム（上空にかけての気温・露点温度・気圧の関係を示したグラフ）を理解するうえでも大切な要素です。飽和混合比は、気温と気圧に依存するため、気温が同じでも気圧が下がれば値は**大きく**なります。関係式は、次のとおりです。

$$飽和混合比 = \frac{飽和水蒸気密度（気温が同じなら気圧に関わらず値は一定）}{乾燥空気密度（気温が同じでも気圧が下がれば値は小さくなる）}$$

学習のポイント

- **飽和混合比**：気温が一定で気圧が下がると、分子が一定で分母が小さくなるため、飽和混合比は大きくなる。
- **仮温度**：理想気体の状態方程式で湿潤空気を扱うときに使用する温度。相当温位と似たイメージ。

第1編　学科一般試験対策

第2編

第3編

● 仮温度を Tv、混合比を w、湿潤空気の温度を T とすると、$Tv = (1 + 0.61w)T$ と表せる。

▌理解度チェック

演習問題

　大気の温度や水分について述べた次の文（a）〜（c）の正誤の組み合わせとして正しいものを、下記の①〜⑤の中から 1 つ選べ。

（a）湿潤空気の場合、気温・露点温度・湿球温度は必ず等しくなる。

（b）露点温度とは、湿潤空気塊を断熱的に持ち上げたときに、露を結び始める温度のことである。

（c）仮温度とは、湿潤空気をそれと同気圧・同密度の乾燥空気に置き換えたときに、乾燥空気が持つ温度のことである。

	（a）	（b）	（c）
①	正	正	正
②	正	誤	正
③	正	誤	誤
④	誤	正	誤
⑤	誤	誤	正

解説と解答

（a）気温・露点温度・湿球温度は、飽和空気の場合に等しくなる。

（b）露点温度とは、気圧を一定にして温度を下げたときに、露を結ぶ温度のことで、相対湿度100％になる。断熱的に持ち上げると気圧が変わる。

（c）仮温度とは、湿潤空気を同気圧・同密度の乾燥空気に置き換えたときに、乾燥空気が持つ温度をいう。

解答：⑤（a）誤　（b）誤　（c）正

5 乾燥断熱減率と湿潤断熱減率

　空気の塊を上空に持ち上げるとき、空気塊が水蒸気で飽和していなけれ

ば、乾燥断熱減率に従って温度が低下します。空気塊が水蒸気で飽和していれば、湿潤断熱減率に従って温度が低下します。

　乾燥断熱減率は約10° C/km、湿潤断熱減率は約4〜7° C/kmであり、**図表2-9**のように表せます。

図表2-9｜乾燥断熱減率と湿潤断熱減率

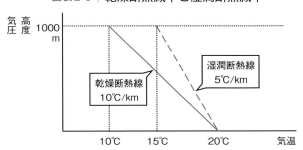

　乾燥断熱減率を表す線を乾燥断熱線といい、湿潤断熱減率を表す線を湿潤断熱線といいます。

　熱力学の第一法則に静力学平衡の式を代入すると、**$\Delta Q = C_p \Delta T + g \Delta z$** が得られます。空気塊が、外部との熱の行き来がない断熱変化するとき、$\Delta Q = 0$であるため、$-\Delta T / \Delta z = g/C_p$となります。

　空気が水蒸気で飽和していない場合、$-\Delta T / \Delta z$は、**乾燥断熱減率**と呼ばれ、Γd（ガンマディー）と表します。空気が未飽和の場合、重力加速度$g = 9.8 ms^{-2}$、$C_p = 1004 JK^{-1}kg^{-1}$により、$\Gamma d = 1K/100m$となります。したがって、100mにつき**約1℃**（正確には0.976℃）気温が下がることがわかります。

　空気が水蒸気で飽和している場合、つまり、水蒸気の凝結が生じるときには、凝結に伴って大気中に**潜熱（凝結熱）**が放出されます。

　飽和した空気に対する$-\Delta T / \Delta z$は、**湿潤断熱減率**と呼ばれ、Γm（ガンマエム）と表します。潜熱によって大気が暖められるため、飽和した空気に対するΓmは、**気温**や**水蒸気量**によって変わりますが、Γdよりも常に**小さく**なります。

- **乾燥断熱減率**：気温によらず一定。
- **湿潤断熱減率**：気温が高いと、凝結熱の放出が大きいため減率が小さくなる。気温が低いと、凝結熱の放出が小さいため減率が大きくなる。

演習模擬

　次の図の点Aにある空気塊が断熱的に点Bに移動した場合の温度℃として、下記の①～⑤の中から正しいものを1つ選べ。なお、雲のイラスト部分は湿潤断熱減率で移動し、雲のない部分は乾燥断熱減率で移動したとする。また、乾燥断熱減率は100mにつき1℃、湿潤断熱減率は100mにつき0.5℃変化するものとして計算せよ。

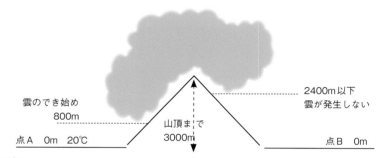

① 24℃

② 26℃

③ 28℃

④ 30℃

⑤ 32℃

解説と解答

　点Aから800mまでは雲の発生がなく、標高差800mであるため、800m地点では8℃気温が下がる。800mから山頂にかけて雲が発生していて、標高差2200mであるため、山頂ではさらに11℃下がる。次に、山頂から山越え

の2400m地点は雲が発生し、標高差600mであるため、山頂よりも3℃上昇する。最後に、2400m地点から点Bにかけては雲がなく、標高差2400mであるため、24℃上昇する。したがって、20℃－8℃－11℃＋3℃＋24℃＝28℃となる。

解答：③ 28℃

6 大気の静的安定度

　静止大気中で空気塊を持ち上げたとき、浮力により元に戻ろうとする場合を安定、さらに上昇を続けようとする場合を不安定といい、この安定の度合いを静的安定度といいます。

(1) 安定・不安定

　乾燥断熱減率を1℃/100m、湿潤断熱減率を0.5℃/100mとして、以下の2つの場合を考えます。なお、高度による気温減率の変化はないものとします。

> A：地上気温が15℃のとき、この高度の空気塊を高度300mまで断熱的に
> 　上昇させたとする。

　上昇によって水蒸気の凝結は伴わないとすると、高度300mでの空気塊の温度は**12℃**です。仮に、高度300mでの気温が13℃であったとすると、空気塊は周囲の空気に比べて密度が**大きい**ため、相対的に**重くなり**、**下降**しようとします。このような状態を**安定**といいます。

　一方、高度300mでの気温が11℃であったとすると、空気塊は周囲の空気に比べて密度が小さいため、相対的に**軽くなり**、**上昇**しようとします。このような状態を**不安定**といいます。

> B：地上気温が15℃のとき、この高度の空気塊を高度500mまで断熱的に
> 　上昇させたとする。

　気温減率が100mにつき0.7℃のとき、空気塊の水蒸気が飽和していなけれ

ば、**乾燥断熱減率**に従って気温が下がります。空気塊の温度はどの高度であっても周りの空気の温度より**低く**なるため、大気の状態は安定です。

　しかし、空気塊の水蒸気が飽和していると、**湿潤断熱減率**に従って気温が下がります。空気塊の温度はどの高度であっても周りの空気の温度より**高く**なるため、大気の状態は不安定です。このように、ある条件下の場合に大気の状態が不安定であることを、**条件付き不安定**といいます。

　地球大気の平均的な気温減率は、100mにつき0.6〜0.7℃であるため、ほとんどの場合、条件付き不安定の状態といえます。

図表2-10｜大気の安定度

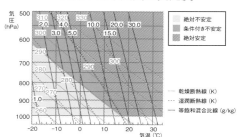

（2）中立

　断熱変化した空気塊の温度と周囲の気温が同じ状態を、**中立**といいます。乾燥断熱減率＝周囲の気温減率の場合は、**乾燥中立**といいます。湿潤断熱減率＝周囲の気温減率の場合は、**湿潤中立**といいます。

▌学習のポイント

※以下、Γ：周囲の気温減率、Γd：乾燥断熱減率、Γm：湿潤断熱減率
● **絶対安定**：空気塊が乾燥断熱変化・湿潤断熱変化のどちらの場合で変位しても安定な状態。Γ＜Γm＜Γdになり、周囲の大気の温位は、高度とともに上がる。
● **絶対不安定**：空気塊が乾燥断熱変化・湿潤断熱変化のどちらの場合で変位しても不安定な状態。Γm＜Γd＜Γになり、周囲の大気の温位は、高度とともに下がる。

●**条件付き不安定**：空気塊が乾燥断熱変化する場合は安定な状態、湿潤断熱変化する場合は不安定な状態。Γm＜Γ＜Γdになり、周囲の大気の温位は、高度とともに上がる。

●**乾燥中立**：空気塊が乾燥断熱変化する場合は中立の状態、湿潤断熱変化する場合は不安定な状態。Γm＜Γ＝Γdになり、周囲の大気の温位は、一定である。

●**湿潤中立**：空気塊が湿潤断熱変化する場合は中立の状態、乾燥断熱変化する場合は安定な状態。Γm＝Γ＜Γdになり、周囲の大気の温位は、高度とともに上がる。

│理解度チェック

（演習問題）

　大気の安定度について述べた次の文中の空欄（a）〜（c）に入る語句の組み合わせとして正しいものを、下記の①〜⑤の中から１つ選べ。

　断熱変化した空気塊の温度と周囲の気温が同じ状態を（a）といい、乾燥断熱減率が周囲の気温減率と等しい場合は、（b）、湿潤断熱減率が周囲の気温減率と等しい場合は（c）という。

	（a）	（b）	（c）
①	乾燥中立	湿潤中立	中立
②	中立	湿潤中立	乾燥中立
③	湿潤中立	乾燥中立	中立
④	中立	乾燥中立	湿潤中立
⑤	乾燥中立	中立	湿潤中立

（解説と解答）

　断熱変化した空気塊の温度と周囲の気温が同じ状態を中立という。乾燥断熱減率が周囲の気温減率と等しい場合は、乾燥中立という。湿潤断熱減率が周囲の気温減率と等しい場合は、湿潤中立という。

解答：④（a）中立　（b）乾燥中立　（c）湿潤中立

　高度とともに気温が上昇する層を、逆転層といいます。逆転層は、**絶対安定**な気層です。主な成因から見た逆転層は、次の3つです。

- **接地逆転層（接地性逆転層）**：放射冷却などで、地表面が冷え込んで発生する逆転層。夜間に発達し、夜明けとともに逆転層の**接地（接地性）**から解消されていく。
- **沈降逆転層（沈降性逆転層）**：高気圧圏内に現れやすく、上空の温位の高い空気が下降することにより発生する。
- **移流逆転層（移流性逆転層・移流前線性逆転層）**：前線付近で現れやすく、寒気の上を暖気が滑昇することにより発生する。

▌学習のポイント

- **接地逆転層**：地表面で発生する。
- **沈降逆転層**：高気圧圏内で発生しやすい。
- **移流逆転層**：前線付近で発生しやすい。

▌理解度チェック

（演習問題）

　逆転層について述べた次の文（a）～（e）のうち、移流逆転層の説明の組み合わせとして正しいものを、下記の①～⑤の中から1つ選べ。

（a）冬季に風が弱く雲の少ない夜間に発生しやすい。

（b）下降流が断熱昇温することによって発生する。

（c）前線霧が発生することがある。

（d）下層の冷たい空気の上に暖かい空気が滑昇して発生する。

（e）前線性逆転層とも呼ばれる。

① （a）（b）（c）

② （b）（c）（d）

③ （c）（d）（e）

④ （a）（d）（e）

⑤ (a) (b) (e)

(a) 冬季に風が弱く雲の少ない夜間に発生しやすいのは、接地逆転層である。

(b) 下降流が断熱昇温することによって発生するのは、沈降逆転層である。

(c) 前線霧が発生することがあるのは、移流逆転層である。

(d) 下層の冷たい空気の上に暖かい空気が滑昇して発生するのは、移流逆転層である。

(e) 前線性逆転層とも呼ばれるのは、移流逆転層である。

解答：③ (c) (d) (e)

8 エマグラム

　エマグラムは、上空にかけての気温・露点温度・気圧の関係を示したグラフです。

図表2-11 | エマグラムの見方①

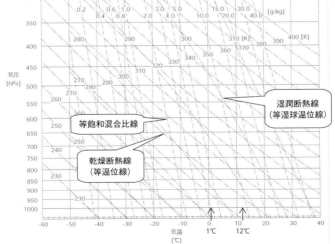

　エマグラムを用いると、たとえば、1000hPaで気温12℃（**図表2-11**矢印

右）、露点温度1℃（**図表2-11**矢印左）の大気では、温位285K、飽和混合比8.0g/kg、混合比4.0g/kg、相対湿度50％、湿球温位280K、相当温位298Kと読み取れます。

図表2-12｜エマグラムの見方②

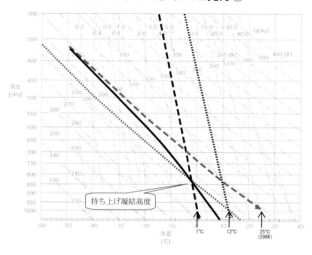

- 青点線：1000hPa気温12℃を通る乾燥断熱線（285Kの等温位線）→空気塊の温位を読み取る。
- 黒点線：1000hPa気温12℃を通る等飽和混合比線（約8.0gkg⁻¹の等飽和混合比線）→空気塊の飽和混合比を読み取る。
- 黒破線：1000hPa露点温度1℃を通る等飽和混合比線（4.0gkg⁻¹の等飽和混合比線）→空気塊の混合比を読み取る。
- 黒実線：**持ち上げ凝結高度**を通る湿潤断熱線（280Kの等湿球温位線）→空気塊の湿球温位を読み取る。持ち上げ凝結高度（LCL：lifted condensation level）とは、水蒸気を含む空気塊を断熱的に上昇させたときに、水蒸気の凝結（昇華）が始まり、雲ができ始める高度をいう。
- 青矢印：ある高さにある空気塊（**図表2-12**では、1000hPa気温12℃の空

気塊）を断熱的に上昇させ、含んでいる水蒸気をほとんどすべて凝結させた後、1000hPaまで断熱的に下降させたときの温度→空気塊の相当温位を読み取る。

学習のポイント

● エマグラムから相対湿度を読み取る際は、（混合比／飽和混合比）×100を計算すればよい。

理解度チェック

（演習問題）

　1000hPaにおいて気温が27℃、露点温度が1℃の空気塊の持ち上げ凝結高度を気圧で表したものを、下記の①〜⑤の中から1つ選べ。なお、図表2-12のエマグラムを使って答えること。

① 約380hPa

② 約480hPa

③ 約580hPa

④ 約680hPa

⑤ 約780hPa

（解説と解答）

　飽和に達するまでは乾燥断熱変化するため、乾燥断熱線に沿って1000hPaの27℃から上昇させ、露点温度1℃が通っている等混合比線と交わる点（高度）を読み取る。

解答：④約680hPa

9 潜在不安定

　ある高度で飽和していない湿潤な空気塊を持ち上げる場合を考えます。周りの空気は、条件付き不安定の状態にあるものとします。空気塊の温度減率は、はじめは**乾燥断熱減率**に相当しますが、**持ち上げ凝結高度**に達すると、

水蒸気が**凝結**または**昇華**を始めます。このとき、大気は見かけ上**安定**の状態
です。さらに上空へ空気塊を持ち上げると、空気塊の温度は、**湿潤断熱減率**
に従って低下します。

　湿潤断熱減率は、周りの空気の温度（気温）に比べて温度減率（気温減率）
が小さいため、**自由対流高度**に達すると、空気塊の温度と周りの空気の温度
が等しくなります。自由対流高度より上空では、周りの空気の温度に比べて
空気塊の温度のほうが**高く**なります。このため、空気塊を持ち上げなくて
も、浮力によって上昇します。ただし、上層大気の気温減率が湿潤断熱減率
よりも小さい場合、再び空気塊の温度と周りの空気の温度が等しくなるた
め、それ以上は、空気塊は自力で上昇できなくなります。

図表2-13 ｜ エマグラムの見方③

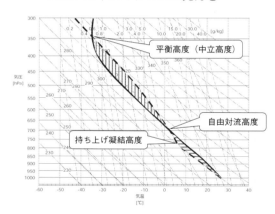

● 太実線：周囲の気温の状態曲線
● 太破線：地上の空気を断熱的に持ち上げたときの空気塊内の温度

　空気塊が凝結を始める高度が**雲底高度**、自力で浮上できなくなる高度が**雲
頂高度**に相当します。条件付き不安定な状態下では、多少空気を上昇させて
も飽和に達することがありませんが、大きく上昇させると飽和に達し、**対流
活動**が生じる場合があります。このような状態を、**潜在不安定**といいます。

図表2-14 | 潜在不安定な状態の大気

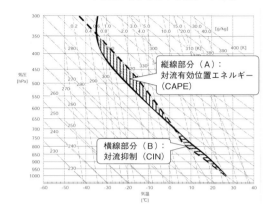

- 太実線：周囲の気温の状態曲線
- 太破線：地上の空気を断熱的に持ち上げたときの空気塊内の温度

　図表2-14の場合、持ち上げ凝結高度は**800hPa**、自由対流高度は**700hPa**、平衡高度（中立高度）は**350hPa**となります。縦線で示した**A**の部分は、**対流有効位置エネルギー（CAPE）**の大きさを表します。横線で示した**B**の部分は、**対流抑制（CIN）**の大きさを表します。両者を比べて対流有効位置エネルギーのほうが大きいときに、対流が発生・発達しやすくなります。

▌学習のポイント

- エマグラムを使って、空気塊を断熱的に持ち上げたときの持ち上げ凝結高度、自由対流高度、平衡高度、対流抑制（CIN）などの要素を読み取る。
- **潜在不安定**：対流有効位置エネルギー（CAPE）と対流抑制（CIN）が見られる状態。静的安定度では、条件付き不安定である。
- CAPE＞CINのときに、対流が発生・発達しやすい。自由対流高度が低く、平衡高度（中立高度）が高くなる。
- 持ち上げ凝結高度＝雲底高度、平衡高度（中立高度）≒雲頂高度になる。

演習問題

　次のエマグラムより、対流抑制（CIN）を表している斜線部の面積を、下記の①〜⑤の中から１つ選べ。

図表2-15 | エマグラム

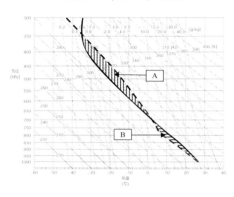

① （A） ＋ （B）

② （A） － （B）

③ （A） ÷ （B）

④ （A）

⑤ （B）

解説と解答

　図表2-15の場合、横線で示したBの部分が、対流抑制（CIN）の大きさを表す。

解答：⑤ （B）

10 対流不安定

　高度とともに**相対湿度**が低下する大気、つまり、上空になるほど相対的に乾燥し、相当温位が**下がる**大気では、**対流**が活発になる可能性があります。

　この大気中の層が幅を持ったまま上昇する場合を考えると、層の下部が先

に飽和に達し、湿潤断熱変化を始めます。しかし、層の上部は乾燥断熱変化を続けるため、層全体の気温減率が大きくなり、しだいに不安定になります。

このように、層全体が上昇によって飽和したときに不安定に変わる状態を、**対流不安定**といいます。なお、対流不安定な大気層は、層全体が上昇しなければ条件付き不安定または絶対安定な状態です。

低気圧や前線によって規模の大きい気流の上昇が生じる場合や、大気の中層に**乾燥空気**が流れ込む場合などに、対流不安定な状態が発生します。

図表2-16は、高度0mで気温20℃、相対湿度100％の安定な大気層（A）、高度1000mで気温17℃、相対湿度0％の安定な大気層（B）が、断熱的に1000m持ち上がったときの変化を示したものです。ただし、$\Gamma d = 10℃/km$、$\Gamma m = 5℃/km$としています。

図表2-16 | 対流不安定の発生イメージ

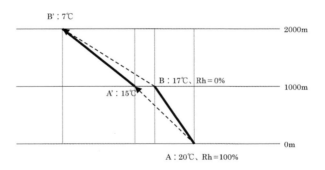

大気層の上面は乾燥断熱変化、大気層の下面は湿潤断熱変化します。Aの空気がA'まで持ち上がって15℃になり、Bの空気がB'まで持ち上がって7℃になり、この差は8℃です。A'とB'の高度差は1000m（1km）です。したがって、持ち上がった後の大気層の気温減率が8℃/kmになり、飽和空気に対して不安定になっています。

● **対流不安定**：条件付き不安定または絶対安定な大気層全体が持ち上がった
　ときに、層の気温減率が大きくなり、不安定が顕在化する状態をいう。
● 下層が上層より先に飽和に達して持ち上がると、しだいに大気層の気温減
　率が大きくなり、不安定になる。
● 対流不安定な状態が発生するとき、相当温位は高度ともに必ず下がっている。

■ 理解度チェック

（演習問題）

　大気の不安定について述べた次の文中の空欄（a）～（d）に入る語句の
組み合わせとして正しいものを、下記の①～⑤の中から1つ選べ。

　ある大気中の層が幅を持ったまま上昇する場合に、層の下部が先に飽和に
達し、（a）を始めるが、層の上部は（b）を続けるため、層全体の気温減率
が大きくなり、しだいに不安定になる。このように、層全体が上昇によって
飽和したときに不安定に変わる状態を（c）という。なお、（c）な大気層は、
層全体が上昇しなければ（d）または絶対安定な状態である。

① （a）対流不安定　　　（b）乾燥断熱変化　　（c）湿潤断熱変化
　　（d）条件付き不安定
② （a）湿潤断熱変化　　（b）乾燥断熱変化　　（c）条件付き不安定
　　（d）対流不安定
③ （a）乾燥断熱変化　　（b）対流不安定　　　（c）対流不安定
　　（d）条件付き不安定
④ （a）乾燥断熱変化　　（b）湿潤断熱変化　　（c）湿潤断熱変化
　　（d）条件付き不安定
⑤ （a）湿潤断熱変化　　（b）乾燥断熱変化　　（c）対流不安定
　　（d）条件付き不安定

（解説と解答）

　ある大気中の層が幅を持ったまま上昇する場合に、層の下部が先に飽和に
達し、湿潤断熱変化を始める。しかし、層の上部は乾燥断熱変化を続けるた

め、層全体の気温減率が大きくなり、しだいに不安定になる。

このように、層全体が上昇によって飽和したときに不安定に変わる状態を対流不安定という。この大気層は、層全体が上昇しなければ条件付き不安定または絶対安定な状態である。

解答：⑤　(a)　湿潤断熱変化　　(b)　乾燥断熱変化　　(c)　対流不安定
**　　　　(d)　条件付き不安定**

11 要素の保存・非保存

(1) 乾燥断熱変化・湿潤断熱変化のときの各要素の変化

図表2-17は、水蒸気を含んだ空気塊が、乾燥断熱変化・湿潤断熱変化で上昇したときの各要素の変化をまとめたものです。上昇または増加する要素を＋（プラス）、低下または減少する要素を－（マイナス）、保存される要素を変化なしとしています。

図表2-17 │ 乾燥断熱変化・湿潤断熱変化による各要素の変化①

要素	乾燥断熱変化	湿潤断熱変化
空気塊内の気温	－	－
空気塊内の体積	＋	＋
空気塊内の水蒸気密度	－	－
空気塊内の水蒸気圧	－	－
空気塊内の露点温度	－	－
空気塊内の湿球温度	－	－
空気塊内の混合比	変化なし	－
空気塊内の相対湿度	＋	変化なし
空気塊内の湿数	－	変化なし
空気塊内の温位	変化なし	＋
空気塊内の相当温位	変化なし	変化なし
空気塊内の湿球温位	変化なし	変化なし

乾燥断熱変化では、空気塊内の水蒸気密度と空気塊内の水蒸気圧については、凝結しなくても空気塊が膨張するため、水蒸気圧・密度は減少します。

乾燥断熱変化では、膨張すると水蒸気密度・乾燥空気密度は減少しますが、空気塊内の混合比は変わりません。

図表2-18は、水蒸気を含む空気塊が乾燥断熱変化によって持ち上がった様子を表したものです。なお、1つ分の水蒸気と乾燥空気の質量は同じとしています。**図表2-18**のように、断熱膨張のため空気塊が4倍に膨らんだとすると、水蒸気圧や密度は持ち上げる前の4分の1になります。しかし、混合比は持ち上げた後も2分の1のまま変わりません。

図表2-18｜乾燥断熱変化のイメージ

図表2-19｜乾燥断熱変化・湿潤断熱変化による各要素の変化②

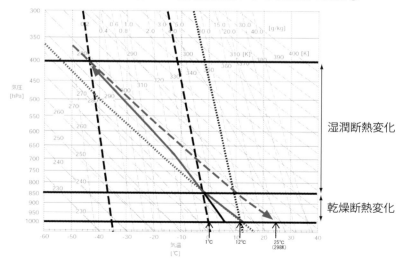

　図表2-19は、1000hPaで気温12℃、露点温度1℃の空気塊を、断熱的に400hPaまで持ち上げた様子を示すエマグラムです。

　1000〜850hPaは乾燥断熱変化、850〜400hPaは湿潤断熱変化となります。持ち上げた空気塊の1000Pa、850Pa、400hPaの高さについて、各要素の変化をエマグラムから読み取ると、次のとおりです。

- 露点温度：1000hPa→1℃、850hPa→−2℃（マイナス）、400hPa→−43℃（マイナス）
- 湿球温度：1000hPa→7℃、850hPa→−2℃（マイナス）、400hPa→−43℃（マイナス）
- 混合比：1000hPa→4.0gkg^{-1}、850hPa→4.0gkg^{-1}（変化なし）、400hPa→0.2gkg^{-1}（マイナス）
- 相対湿度：1000hPa→50%、850hPa→100%（プラス）、400hPa→100%（変化なし）
- 湿数：1000hPa→11℃、850hPa→0℃（マイナス）、400hPa→0℃（変化なし）
- 温位：1000hPa→285K、850hPa→285K（変化なし）、400hPa→298K（プラス）
- 相当温位：1000hPa→298K、850hPa→298K（変化なし）、400hPa→298K（変化なし）
- 湿球温位：1000hPa→280K、850hPa→280K（変化なし）、400hPa→280K（変化なし）

したがって、**図表2-17**と一致します。

（2）気圧一定での温度上昇による各要素の変化

　図表2-20は、水蒸気を含んだ未飽和の空気塊が、気圧一定の状態で温度が上昇したときの各要素の変化をまとめたものです。上昇または増加する要素を＋（プラス）、低下または減少する要素を−（マイナス）、保存される要素を変化なしとしています。ただし、他の空気塊との混合はなく、水分の相変化もなかったものとしています。

図表2-20 | 気圧一定での温度上昇による各要素の変化①

要素	変化
空気塊内の体積	＋
空気塊内の水蒸気密度	－
空気塊内の水蒸気圧	変化なし
空気塊内の露点温度	変化なし
空気塊内の湿球温度	＋
空気塊内の混合比	変化なし
空気塊内の相対湿度	－
空気塊内の湿数	＋
空気塊内の温位	＋
空気塊内の相当温位	＋
空気塊内の湿球温位	＋

　水蒸気の凝結がなく、かつ、気圧が一定のため、膨張によって水蒸気密度が減少しても、水蒸気圧は変わりません。

　また、露点温度は変化しませんが、湿球温度は高くなります。混合比が変わらずに温位が上昇するため、相当温位・湿球温位も上昇します。

図表2-21 | 気圧一定での温度上昇による各要素の変化②

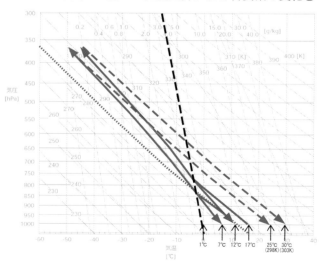

図表2-21 は、1000hPaで気温12℃、露点温度1℃の空気塊を、1000hPaで

気温17℃まで熱した様子を示すエマグラムです。

※1℃：露点温度、7℃：気温12℃の湿球温度、12℃：気温と気温17℃の湿球温度、17℃：気温、25℃（298K）：気温12℃の相当温位、30℃（303K）：気温17℃の相当温位

　1000hPaで気温12℃の空気塊が、1000hPaで気温17℃の空気塊に変化したときの各要素の変化をエマグラムから読み取ると、次のとおりです。

- 露点温度：1000hPa・気温12℃→1℃、1000hPa・気温17℃→1℃（変化なし）
- 湿球温度：1000hPa・気温12℃→7℃、1000hPa・気温17℃→12℃（プラス）
- 混合比：1000hPa・気温12℃→4.0gkg^{-1}、1000hPa・気温17℃→4.0gkg^{-1}（変化なし）
- 相対湿度：1000hPa・気温12℃→50%、1000hPa・気温17℃→32%（マイナス）
- 湿数：1000hPa・気温12℃→11℃、1000hPa・気温17℃→16℃（プラス）
- 温位：1000hPa・気温12℃→285K、1000hPa・気温17℃→290K（プラス）
- 相当温位：1000hPa・気温12℃→298K、1000hPa・気温17℃→303K（プラス）
- 湿球温位：1000hPa・気温12℃→280K、1000hPa・気温17℃→285K（プラス）

　したがって、**図表2-20**と一致します。

▌学習のポイント

- **乾燥断熱変化**：空気塊内の水蒸気密度と空気塊内の水蒸気圧は、凝結しなくても空気塊が膨張するため、水蒸気圧・密度は減少する。水蒸気密度・乾燥空気密度は減少するが、空気塊内の混合比は変化しない。

- **気圧一定での温度上昇**：水蒸気の凝結がなく、気圧が一定のため、膨張によって水蒸気密度は減少しても、水蒸気圧は変わらない。露点温度は変化しないが、湿球温度は高くなる。混合比が変化せずに温位が上昇するため、相当温位・湿球温位も上昇する。

▌理解度チェック

（演習問題）

　湿潤空気に関する保存・非保存について、空気塊を乾燥断熱変化させたときに保存される要素の組み合わせとして正しいものを、下記の①〜⑤の中か

ら1つ選べ。

①混合比　　　温位　　湿球温位　　相当温位
②混合比　　　湿数　　湿球温位　　相対湿度
③混合比　　　温位　　湿球温位　　相対湿度
④露点温度　　湿数　　湿球温位　　相対湿度
⑤露点温度　　湿数　　湿球温度　　相当温位

解説と解答

保存される要素を変化なしとしている。

図表2-17｜乾燥断熱変化・湿潤断熱変化による各要素の変化（抜粋）

要素	乾燥断熱変化	湿潤断熱変化
空気塊内の露点温度	−	−
空気塊内の湿球温度	−	−
空気塊内の混合比	変化なし	−
空気塊内の相対湿度	＋	変化なし
空気塊内の湿数	−	変化なし
空気塊内の温位	変化なし	＋
空気塊内の相当温位	変化なし	変化なし
空気塊内の湿球温位	変化なし	変化なし

解答：①混合比　　温位　　湿球温位　　相当温位

3 降水過程

1 暖かい雨

空気の温度を下げていくと、相対湿度は**上昇**します。気温が0℃以上の場合、相対湿度が100％を超えると、理論的には水蒸気は**凝結**し、**水滴**ができます。しかし、実際の空気では、相対湿度が100％を超えて**過飽和**の状態になっても、水滴ができることは**少ない**です。これは、**表面張力**という力が大きいためです。

図表3-1 | 表面張力の例

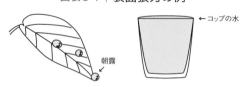

このため、水滴ができるには、**凝結核**という第三者物質が必要になります。大気中には、さまざまな組成と大きさを持つ粒子状物質が存在しています。これらを総じて、**エーロゾル**といい、凝結核となるのは、エーロゾルの一部です。特に、吸湿性と溶解性が高いエーロゾルは、溶液の飽和水蒸気圧が水の飽和水蒸気圧より**低い**ため、凝結核として有効です。エーロゾルには、土壌粒子、海塩粒子、化学物質、汚染物質などがあります。数は海上より陸上のほうが多く、各個体の大きさは陸上より海上のほうが大きいという特徴があります。

雲ができると、雲粒は成長を始めます。雲粒の成長には、水滴の周りに水蒸気が**拡散**して凝結する**拡散過程（凝結過程）**と、大きな水滴が落下中に小さな水滴を捕捉する**併合過程**があると考えられています。拡散過程による水滴の成長率は、時間とともに落ちるため、拡散過程だけでは雨粒になりにくく、併合過程も必要になります。併合過程は、水滴の落下速度の違いにより

起こるため、水滴の大きさが**揃っていない**ほど成長率が大きくなります。

図表3-2｜凝結過程と併合過程のイメージ

凝結過程のイメージ 　　　　　　　　併合過程のイメージ

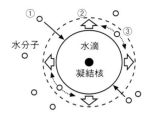　　　

　凝結過程は、①水分子が水滴表面に付着凝結し、②水滴の体積が増加し、③表面張力により表面積が最小になるように水分子が拡散することで進行します。併合過程は、落下途中に大きな雨粒が小さな雨粒を取り込むことによって進行します。雨粒の大きさが大きいほど落下速度が大きくなるため、雨粒の大きさが不揃いであるほど併合過程が起こりやすくなります。

　水滴は、はじめは表面張力の影響で球形をしています。成長するにつれて表面張力が弱くなり、空気の抵抗力が強くなるため、しだいに**扁平**になり、さらに大きくなると分裂します。

　雲粒が成長して重くなり、浮力では支えきれなくなると、落下を始めます。落下の途中でも蒸発は起きますが、なお落下を続けて地表に降ってきたものが、雨です。このように、水滴の成長のみで降雨に至ったものを、**暖かい雨**と呼ぶことがあります。

　なお、「重力＝空気の抵抗力＋浮力」の状態での水滴の落下速度を、終端速度といいます。

▌学習のポイント

● エーロゾルのすべてが凝結核になるわけではない。
● 水滴（雲粒）が一度も凍ることなく雨になるまでには、必ず拡散過程（凝結過程）と併合過程を経る。
● **終端速度**：水滴が大きいほど落下速度が速くなる。

理解度チェック

演習問題

エーロゾルの特徴について述べた次の文章の空欄（a）～（d）に入る語句の組み合わせとして適切なものを、下記の①～⑤の中から1つ選べ。

エーロゾルには、地面から舞い上がった土壌粒子、海のしぶきなどの（a）、火山灰、排気ガスなどに含まれる化学物質や汚染物質などがある。エーロゾルの数は海上より陸上のほうが（b）い反面、各個体の大きさは陸上より海上のほうが（c）という特徴がある。なお、（d）核として働く物質は、吸湿性が高いか、または、水に溶けやすい物質である。

① （a）海塩粒子　（b）少　（c）大き　（d）凝結
② （a）海塩粒子　（b）多　（c）大き　（d）氷晶
③ （a）土壌粒子　（b）少　（c）小さ　（d）凝結
④ （a）海塩粒子　（b）多　（c）大き　（d）凝結
⑤ （a）土壌粒子　（b）多　（c）小さ　（d）氷晶

解説と解答

エーロゾルには、地面から舞い上がった土壌粒子、海のしぶきなどの海塩粒子、火山灰などに含まれる化学物質、汚染物質などがある。エーロゾルの数は海上より陸上のほうが多く、各個体の大きさは陸上より海上のほうが大きいという特徴がある。

凝結核として働く物質は、吸湿性が高い、または、水に溶けやすい（溶解性が高い）物質である。たとえば、食塩は、相対湿度が100％に達していなくても、水溶液の飽和水蒸気圧が純水の飽和水蒸気圧より低くなるため、表面が溶け始める。これは、水に溶けやすい物質が相対的に凝結を引き起こしやすいことを表している。

解答：④（a）海塩粒子　（b）多　（c）大き　（d）凝結

2 冷たい雨

気温が0℃以下の状態で飽和に達すると、氷晶が発生しますが、必ず氷に

なるというわけではありません。これは、0℃以下でも水が氷にならない**過冷却**の状態があるためです。－40℃までは、過冷却の水滴が存在することがわかっています。それ以下になると、自発的に凍り始めます。

　0℃以下で氷晶を作るためには、核となる**氷晶核**という第三者物質が必要です。氷晶核の数は凝結核の数より**少なく**、そのため、下層では過冷却の雲がよく見られます。

図表3-3 ｜ 凝結核と氷晶核

凝結核	氷晶核
土壌粒子	カオリナイト（−15℃前後）
海塩粒子	ヨウ化銀（−8℃前後）
硝酸塩	氷核細菌（−3℃前後）
硫酸塩	硫酸粒子（おおむね−30℃以下）

※氷核細菌や硫酸粒子は、凍結核として働く。

　氷晶の成長には、水蒸気の**昇華（昇華凝結）**による成長、**凝集**による成長（雪片の形成）、過冷却の水滴の捕捉による成長があります。

　水蒸気の昇華による成長は、拡散過程による水滴の成長と基本的には同じです。ただし、水滴・氷晶・水蒸気の3つが共存するところでは、氷晶が急速に成長します。同じ温度下での水面に対する飽和水蒸気圧と、氷面に対する飽和水蒸気圧を比較すると、**氷面に対する飽和水蒸気圧のほうが小さい**ため、水と氷が共存すると、水面では**蒸発**が起こり、氷面では昇華が起こり、**水が消滅**し、**氷が成長**します。

図表3-4 ｜ 氷点下での飽和水蒸気圧

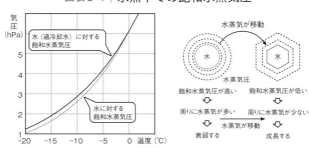

　凝集による成長は、落下速度の違う氷晶が衝突したときに、互いに付着し成長します。付着する割合は、温度が高くなるにつれ**増大**します。凝集による成長は、雪の結晶の形にも影響され、**樹枝状結晶**であると成長しやすくなります。

　雪の結晶の形は、気温と**湿度（氷過飽和水蒸気密度）**に影響されます。過冷却の水滴は、氷粒子と衝突すると凍りつき、氷粒子の質量が増加します。このような過程による氷粒子の成長は、**ライミング**ともいわれ、**霰や雹**（直径約2〜5mmのものが霰、直径5mm以上に成長したものが雹）は一般的に、ライミングの過程で成長します。

　地表付近の気温が正（プラス）であれば、雪の結晶は、理論上は融解します。このような過程で降雨に至ったものを、**冷たい雨**と呼ぶことがあり、日本付近の雨は、ほとんどがこの種の雨です。

　なお、降水が地上で雨になるか雪のまま降るか（**雨雪判別**）は、地上の気温と地上の**相対湿度**によります。

図表3-5 | 地上気温と相対湿度による降水種別判別図

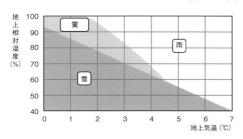

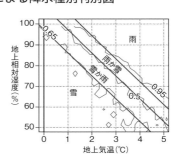

※相対湿度が高い場合は、雨になりやすい。
※相対湿度が低いほど、雪のまま降ることが多い。

　地上気温が 0℃以上でも、地上相対湿度が**低いと、融けずに雪のまま**降ることがあります。これは、粒子が周りの空気から受け取る顕熱を、昇華蒸発するときに奪われる潜熱が打ち消し、氷粒子の融解速度を遅らせるためです。地上の相対湿度が高い場合は、雨と雪が混在した霙となって降ることもあります（**図表3-5**）。

● **氷晶核の特徴**：非吸湿性のエーロゾルも氷晶核にはなる。主に土壌粒子であり、数は凝結核より少なく、また、気温が高いほど少ない。

● 氷晶自体が核になることがある。

● 雪の結晶の形や雨雪判別には、気温だけでなく湿度も影響している。

■ 理解度チェック

（演習問題）

　雲の発生や成長の特徴について述べた次の文（a）～（d）の正誤について正しいものを、下記の①～⑤の中から1つ選べ。

（a）過冷却の水滴は氷粒子と衝突すると凍りつく。このような過程による降水粒子の成長を併合過程という。

（b）凝結過程は、水分子が水滴表面に付着し、水滴の体積が増加し、表面張力により表面積が最小になるように水分子が拡散することで進行する。

（c）雨粒の大きさが不揃いであれば、併合過程が起こりやすい。

（d）地上で雨になるか雪なるかは、大気下層の気温だけではなく湿度も影響している。

① （a）のみ誤り

② （a）と（b）が誤り

③ （b）と（c）が誤り

④ （c）と（d）が誤り

⑤ （e）のみ誤り

（解説と解答）

（a）過冷却の水滴は、氷粒子と衝突すると凍りつく。このように、雲粒や過冷却水が衝突し氷球が成長する過程を、ライミングの過程という。

（b）凝結過程は、水分子が水滴表面に付着（凝結）し、水滴の体積が増加し、表面張力により水分子が拡散することで進行する。

（c）雨粒の大きさが不揃いのとき、併合過程が起こりやすい。

（d）地上で雨になるか雪なるかは、大気下層の気温と湿度に影響される。

解答：① （a）のみ誤り

3 雲の分類

　雲は、国際分類では**10種類に分類**されます。これを、発達形状により**対流雲と層状雲とに分類**し、層状雲を、さらに出現高度により**上層雲、中層雲、下層雲**に分類します（**図表3-6**）。

図表3-6 ｜ 十種雲形の区分

種類			記号	高度	温度
層状雲	上層雲	巻雲 巻積雲 巻層雲	Ci Cc Cs	5000m以上	－25℃以下
	中層雲	高層雲 高積雲 乱層雲	As Ac Ns	2000〜7000m	－25〜0℃
	下層雲	層積雲 層雲	Sc St	2000m以下	－5℃以上 －
対流雲	（下層雲）	積雲 積乱雲	Cu Cb	600〜6000m 圏界面付近まで	－ －50℃（雲頂）

※乱層雲：下層雲に含める場合がある。

※対流雲：便宜上、下層雲に分類する場合がある。

　上層雲は、ほとんどが**氷晶**で形成されています。上層雲など主に氷晶で形成された薄い雲に、月光や太陽光などが当たり、プリズム効果で光の輪ができる現象を、暈または彩雲といいます。

　対流雲は、鉛直方向に発達する雲で、成層状態が**不安定（条件付き不安定）**な大気中で発達します。発達の程度が弱いものは**水滴**で構成され、上空まで発達すると、下部は**水滴**で構成され、上部は**氷晶**で構成されるようになります。

　層状雲は、鉛直方向への発達よりも水平方向への広がりが大きい雲で、成

層状態が**安定**な大気中で発達します。出現高度が高いものは**氷晶**で構成され、出現高度が中程度か低いものは**水滴**で構成されます。

　主に雨や雪を降らす雲は、積乱雲、乱層雲と一部の積雲です。

▌学習のポイント

- 雲頂の温度が−10℃の雲は、氷晶の検出率は50%、雲頂の温度が−20℃の雲は、氷晶の検出率は95%である。このため、上層雲は、ほぼ氷晶でできている。
- 層状雲は、基本的に安定な成層で発生する。前線面などで広範囲に強制的に持ち上げられて発生する。

▌理解度チェック

演習問題

　雲の特徴について述べた次の文（a）〜（d）の正誤について正しいものを、下記の①〜⑤の中から1つ選べ。

（a）積乱雲は雲頂高度が圏界面付近に達する場合がある。

（b）巻雲は主に氷晶でできている。

（c）暈は主に水滴でできている。

（d）主に雨や雪を降らす雲は、積乱雲と乱層雲、一部の発達した積雲である。

① （a）が誤り

② （b）が誤り

③ （c）が誤り

④ （d）が誤り

⑤ すべて正しい

解説と解答

（a）積乱雲は雲頂高度が圏界面付近に達する場合がある。

（b）巻雲は−25℃以下の上空で発生する雲のため、主な雲の成分は氷晶である。

(c) 暈は上層雲などほとんど氷晶で形成された薄い雲に、月の光などが当たり光の輪ができて起きる現象である。

(d) 主に雨や雪を降らす雲は、積乱雲と乱層雲、一部の発達した積雲である。

解答：③（c）が誤り

4 霧の分類

　地表付近で小さな水滴が浮かんでいることにより、水平視程が**1km未満**になる現象を、**霧**といいます。雲との本質的な違いはありませんが、地表付近に発生したものを霧と分類しています。水平視程は1km以上あっても見通しが悪い状態を、**靄**と呼んで区別します。霧が発生する条件は、**気温**が著しく低下するか、**水蒸気**が供給されることで、**過飽和**の状態になることです。条件が複合して発生する場合もあります。

　霧は、発生原因によって、以下のように分類されます。

①移流霧

　暖かく湿った空気が、冷たい地面や海面を移動することで発生します。季節風に伴う沿岸地方の霧や、海洋性熱帯気団の中にできる霧が相当します。昼夜問わず発生し、比較的持続時間が長いです。

②放射霧

　地面付近が、放射冷却（赤外放射）によって冷えることで発生します。晴れた夜間に発生することが多く、盆地霧が相当します。昼にかけて解消されることが多いです。

③混合霧

　気温の異なる、**湿った空気**が混ざることで発生します。極地方で秋から冬に発生する海霧が相当します。

④蒸気霧（蒸発霧）

暖かい海面上に冷たい空気が存在するとき、海面上での**蒸発**によって水蒸気が補給され、飽和に達し**凝結**することで発生します。湿度の高い風呂場で温水シャワーを流したとき湯気が立つのと同じ原理で、暖かい水（湯）から水蒸気が大量に空気内へ供給されたために、空気が飽和に達して発生します。なお、蒸気霧は、上記③の混合霧の1つとして扱う場合があります。

⑤前線霧

たとえば、温暖前線で長時間降雨があり、空気の相対湿度が増したところへ、上空の暖気から比較的高温の雨粒が落下してくることにより発生します。上記④の蒸気霧と同様に、湯気が立つのと同じ原理です。

⑥滑昇霧（上昇霧）

山の斜面の空気が上昇するとき、**断熱膨張**によって気温が下がることにより発生しまする。

図表3-7 | 霧の種類

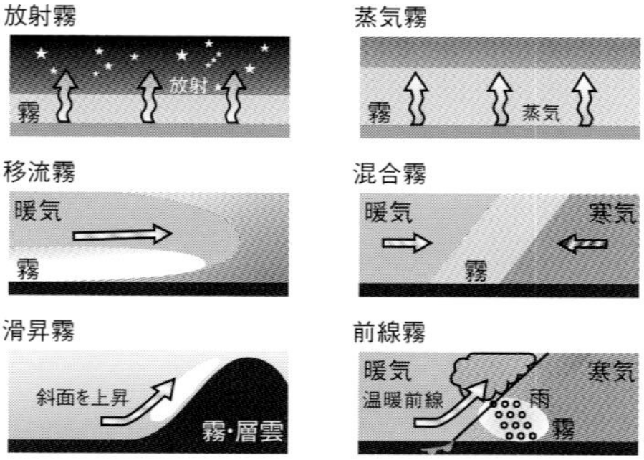

学習のポイント

● 霧は学科専門試験に出題されることもある。

● 放射霧・移流霧・滑昇霧は、主に冷やされて発生する。

● 蒸気霧・前線霧は、水蒸気供給が発生の大きな要因になる。蒸気霧は、冷

やされることも要因になる。

● 海上では、移流霧・蒸気霧のどちらも発生する。移流霧は、冷たい海域に暖気が流れ込んで発生する。蒸気霧は、寒気が相対的に暖かい海域に流れ込んで発生する。

理解度チェック

演習問題

　霧には発生のメカニズムの違いにより、いくつかの種類がある。次の文章が説明している霧の種類を、下記の①～⑤の中から1つ選べ。

　暖かい空気と冷たい空気がぶつかるときに、水蒸気が冷えたり水蒸気量が増加したりして発生する。

① 放射霧
② 移流霧
③ 滑昇霧
④ 混合霧
⑤ 前線霧

解説と解答

　暖かい空気と冷たい空気がぶつかるときに、水蒸気が冷えたり水蒸気量が増加したりして発生する霧は、混合霧である。

解答：④混合霧

4 大気の放射

1 太陽定数・黒体

　太陽光線に垂直な単位面積の平面が、単位時間に太陽から受ける熱量を、**放射強度**または直達日射量といいます。この放射強度の値を**太陽定数**といい、地球に大気がない場合または大気上端で測定した場合、約$1.37\mathrm{kW/m^2}$です。放射強度は、太陽からの**距離の2乗に反比例**します（逆2乗の法則）。

図表4-1 | 距離の逆2乗の法則

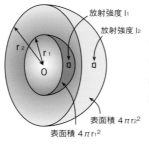

放射強度 I_1
放射強度 I_2

原点での放射強度を I_0 とするとき

r_1 の距離での放射強度は $I_1 = I_0 \div 4\pi r_1^2$

r_2 の距離での放射強度は $I_2 = I_0 \div 4\pi r_2^2$

したがって、I_2 の I_1 に対する比率は $\dfrac{r_1^2}{r_2^2}$

表面積 $4\pi r_2^2$
表面積 $4\pi r_1^2$

　図表4-1の原点Oにある物体からの放射I_0は、Oを中心にして360℃の方向に広がります。放射のエネルギーが減衰することなくr_1の距離に到達したとき、放射強度I_1は、r_1を半径に持つ球の表面積でI_0を割った値になります。また、放射のエネルギーが減衰することなくr_2の距離に到達したとき、放射強度I_2は、r_2を半径に持つ球の表面積でI_0を割った値になります。このとき、I_2はI_1のr_1^2/r_2^2倍になるため、放射強度は、放射した物体からの**距離の2乗に反比例**して小さくなります。

　地球には地軸の傾きがあるため、**夏半球**が受ける日射量は、**冬半球**が受ける日射量より大きくなります。年間日射量は、緯度が高くなるほど**少なく**なります。このような日射量の差によって、大気の大循環が発生します。

外部から入射したエネルギーを、あらゆる波長で吸収し、あらゆる波長で放射できる物体を、**黒体**といいます。黒体の放射強度（放射照度）は、黒体の温度（絶対温度）によって変わり、放射が最大になる波長も黒体の温度によって変わります。

黒体の放射強度を I（W/m²）、表面温度を T（K）とするとき、ステファン・ボルツマンの法則により、**I＝σ×T⁴** の関係が成り立ちます。σは、ステファン・ボルツマン定数で、$5.67×10^{-8}$ W/m²K⁴ です。つまり、放射強度は、**表面温度の4乗に比例**します。ステファン＝ボルツマンの法則は、気象衛星によって地球の温度を観測するときにも応用されています。この法則を用いて、放射強度から計算によって導かれた温度を、**輝度温度（等価黒体温度）**といいます。

また、放射強度が最大になる波長を、$\lambda\max$（μm）、絶対温度を T(K)とするとき、ウィーンの変位則により、**$\lambda\max＝2897/T$** の関係が成り立ちます。ウィーンの変位則によると、単位波長あたりの最大強度をもたらす波長は、絶対温度に**反比例**します。現実の物体の放射強度が、どれほど黒体放射に近いかを見る指標を、**放射率**といいます。放射率は、物体の単位時間・単位面積での放射と黒体放射の比で、$\varepsilon_\lambda＝I_\lambda/I_\lambda^*$ と表されます。ε_λは放射率、I_λは物体の放射強度、I_λ^*は黒体の放射強度です。放射強度は波長ごとに変わるため、放射率も波長ごとに変わります。つまり、放射率は、波長の関数になっています。

電磁波の波長と放射強度の関係を表したものを、放射スペクトルといいます（**図表4-2**）。放射スペクトルは、黒体の表面温度によって決まります（プランクの法則）。黒体の放射強度は、表面温度の4乗に比例します（ステファン・ボルツマンの法則）。放射強度が最大になる波長は、黒体の表面温度に反比例します（ウィーンの変位則）。

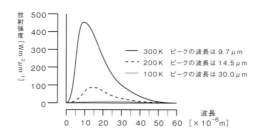
図表4-2 | 黒体放射のスペクトル

学習のポイント

● 放射強度は、放射の源からの距離の2乗に反比例する（逆2乗の法則）。
● 放射強度は、放射する物体の表面温度（絶対温度）の4乗に比例する。
● 放射強度が最大になる波長は、放射する物体の表面温度に反比例する。

理解度チェック

演習問題

　ウィーンの変位則を用いて計算した、地球放射と太陽放射の放射強度が最大になる波長（μm）の組み合わせとして正しいものを、下記の①〜⑤の中から1つ選べ。なお、地球の表面温度を300K、太陽の表面温度を6000Kで計算する。

① 地球：約10μm　　太陽：約0.3μm
② 地球：約12μm　　太陽：約0.3μm
③ 地球：約10μm　　太陽：約0.5μm
④ 地球：約12μm　　太陽：約0.5μm
⑤ 地球：約10μm　　太陽：約0.3μm

解説と解答

　ウィーンの変位則 $\lambda_{max} = 2897/T$ を用いて計算すると、地球は$2897/300$ $\fallingdotseq 9.65$（約10μm）、太陽は$2897/6000 \fallingdotseq 0.48$（約0.5$\mu$m）となる。

解答：③ 地球：約10μm　　太陽：約0.5μm

2 放射平衡温度・地球大気による吸収

　地球に入射する太陽放射は、一部が大気中の気体分子やエーロゾルなどによって**散乱**、**反射**され、地表面によっても反射されます。このように、大気や地表面の影響で反射されて宇宙空間に戻されるエネルギーは、太陽放射の**約30%**で、**地球のアルベド**（反射能）といいます。

図表4-3│太陽放射に対するアルベド（反射能）

地表面の状態	反射能（%）
裸地	10 ～ 25
砂地	25 ～ 40
草地	15 ～ 25
森林地	10 ～ 20
雪原（新雪・旧雪）	79 ～ 98 ／ 25 ～ 75
海面（高度角 25°以上 25°未満）	10 未満 ／ 10 ～ 70

　太陽放射は、大気によって約20%吸収されます。気体によっては、特定の波長を持つ放射をよく吸収します。波長が約0.8 μ mより長い**赤外領域**では、**水蒸気**と**二酸化炭素**による吸収が目立ちます。波長が約0.3 μ mより短い**紫外領域**では、成層圏の**酸素分子**や**オゾン分子**により吸収されるため、地上での放射強度がほぼ 0 です。なお、波長が約0.3 ～ 0.8 μ mの**可視光線**は、大気にほとんど吸収されていないことから、地球の大気は、可視光線に対して**透明**といえます。

　散乱・反射・大気による吸収を受けずに地表が吸収するエネルギーは、大気上端の約50%になり、これを**透過率**といいます。

　地球への入射と地球からの放射が釣り合って、温度が一定になるときの温度を、**放射平衡温度**といいます。地球が黒体であれば、アルベドが30%（0.3）のとき、放射平衡温度を計算すると255Kになりますが、実際の地球表面の平均温度は288Kです。この差には、大気の**温室効果**が影響しています。地球からの放射は赤外領域のため、水蒸気や二酸化炭素などの大気にほとんど吸収されます。

　地球大気や雲が地球の表面からの赤外放射を吸収し、再度、地表に向けて

放出することによって大気が暖められることを、温室効果といいます（**図表4-4**）。

図表4-4 ｜ 温室効果

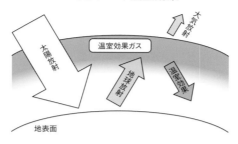

温室効果ガス

地表面

　大気から地表面に向かって再放射されると、大気のない状態に比べて地上気温が上昇します。ただし、地球からの放射の中で、大気による吸収が弱い波長領域があり、**窓領域**といいます。窓領域は、気象衛星による観測に利用されています。

　大気による温室効果を考慮すると、成層圏より上空は、実測と整合性が取れます。しかし、対流圏内では、気温減率が大きく絶対不安定な状態になり、地上付近の気温が300Kを超えます。このような状態になると、現実大気では対流が発生します。放射平衡に対流の効果を加えた状態を、**放射対流平衡**といいます。

図表4-5 ｜ 放射平衡と放射対流平衡の模式図

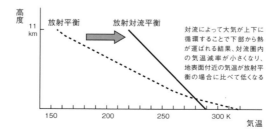

対流によって大気が上下に循環することで下部から熱が運ばれる結果、対流圏内の気温減率が小さくなり、地表面付近の気温が放射平衡の場合に比べて低くなる

▌学習のポイント

● 地球のアルベドは約30％（0.3）である。試験に頻出。

● 太陽放射も、紫外線や赤外線は大気による吸収を受ける。可視光線は、ほとんど吸収されない。

● 地球放射を最も吸収する気体は水蒸気、次いで二酸化炭素である。

● **窓領域:** 地球放射も、大気によって完全に吸収はされない。

● **放射対流平衡:** 対流圏内の気温は、放射だけでなく対流の影響も受ける。

▌理解度チェック

【演習問題】

　地球の放射について述べた次の文章の空欄（a）〜（c）に入る語句の組み合わせとして適切なものを、下記の①〜⑤の中から1つ選べ。

　地球への入射と地球からの放射が釣り合って温度が一定になるとき、その温度を（a）温度という。（a）温度を計算すると255Kになるが、実際の地球表面の平均温度は288Kである。この差には大気の（b）が影響している。地球からの放射は（c）領域のため、ほとんど、水蒸気と二酸化炭素などの大気に吸収される。

① （a）放射平衡　　　　（b）窓領域　　　（c）赤外

② （a）放射対流平衡　　（b）窓領域　　　（c）可視

③ （a）放射平衡　　　　（b）温室効果　　（c）可視

④ （a）放射対流平衡　　（b）温室効果　　（c）赤外

⑤ （a）放射平衡　　　　（b）温室効果　　（c）赤外

【解説と解答】

　地球への入射と地球からの放射が釣り合って、温度が一定になるときの温度を、放射平衡温度という。地球が黒体であれば、アルベドが30%（0.3）のとき、放射平衡温度を計算すると255Kになるが、実際の地球表面の平均温度は288Kである。この差には、大気の温室効果が影響している。地球からの放射は赤外領域のため、水蒸気や二酸化炭素などの大気にほとんど吸収される。

解答:⑤（a）放射平衡　（b）温室効果　（c）赤外

3　散乱の種類

　大気中の気体分子やエーロゾルなどに電磁波（光）が衝突すると、電磁波の進行方向が変わります。この現象を、**散乱**といいます。**粒子の半径**と**電磁波の波長**によって、散乱の程度が異なります。

　気象現象では、主に以下の3つの散乱を扱います。

①レイリー散乱

　電磁波（太陽光線）の波長＞粒子の半径の場合に生じます。散乱の強さは、電磁波の波長の**4乗に反比例**します。したがって、**波長の短い電磁波ほど、強く散乱**します。レイリー散乱では、粒子への入射角によって電磁波の強さが異なり、側方散乱より、前方散乱と**後方散乱のほうが強い**です。

図表4-6 ｜ レイリー散乱の方向特性

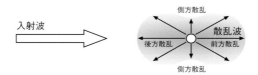

※散乱波の長さ(→)は散乱の強さを示す。

　空の色が青く見えるのと、朝夕の空が橙色に見えるのは、レイリー散乱によるものです。なお、気象レーダーは、レイリー散乱を利用して観測を行う機器です。

②ミー散乱

　電磁波の波長≒粒子半径の場合に生じます。散乱の強さは、波長に依存しないため、太陽光が散乱した場合は、光の色が白くなります。雲の色や春霞^{はる}^{がすみ}などは、ミー散乱によるものです。

③幾何光学的散乱

電磁波の波長＜粒子の半径の場合に生じます。電磁波が粒子内部に進入して**屈折**や**反射**が生じ、その結果、虹などの光学現象が生じます。

虹は、太陽光（可視光線）が雨粒の中を通過するときに、雨粒の表面で屈折と反射をした結果生じる光学現象です。可視光線が雨粒の中を通過するときは、波長によって屈折角や反射角が異なるため、7色に分光します。一般的な虹（主虹）を地上から眺める場合、波長の短い光ほど屈折角や反射角が大きくなります。1つの雨粒からは1つの色のみが届くため、高い位置にある雨粒からの光は赤、低い位置にある雨粒からの光は紫に見えます。

図表4-7｜虹の構造

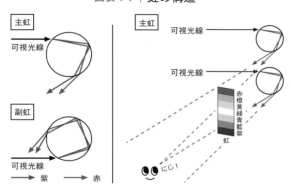

学習のポイント

● レイリー散乱：電磁波（太陽光線）の波長＞粒子の半径の場合に生じる。
● ミー散乱：電磁波の波長≒粒子半径の場合に生じる。
● レイリー散乱、ミー散乱の特徴は試験に頻出。

理解度チェック

演習問題

散乱について述べた次の文章の空欄（a）（b）に入る語句の組み合わせとして正しいものを、下記の①～⑤の中から1つ選べ。

電磁波の波長と空気の粒子の半径の関係が「電磁波の波長＞粒子の半径」の場合の散乱パターンを、（a）という。また、この散乱の強さは波長の（b）に反比例する。

① （a）幾何光学的散乱　　（b）2乗
② （a）レイリー散乱　　　（b）2乗
③ （a）レイリー散乱　　　（b）4乗
④ （a）ミー散乱　　　　　（b）4乗
⑤ （a）ミー散乱　　　　　（b）2乗

解説と解答

　電磁波の波長と粒子の半径の関係が「電磁波の波長＞粒子の半径」の場合の散乱パターンを、レイリー散乱という。レイリー散乱の散乱の強さは、波長の4乗に反比例する。つまり、波長が短いほど、強く散乱する特徴がある。

解答：③（a）レイリー散乱（b）4乗

5 大気の力学

1 大気に働く力

　ニュートンの力学三法則によると、大気に働く力は、次のとおりです。

- 第一法則：物体の**運動量**（質量と速度の積）は、保存される。
- 第二法則：物体に働く力は、物体の**質量**と運動の**加速度**の積である。
- 第三法則：物体Aが物体Bに力を及ぼすとき、物体Bは物体Aに対して同じ大きさで反対向きの力を及ぼす。

　大気は地球とともに回転しているため、ニュートンの力学法則（第二法則）をそのまま利用することはできません。地球が地軸の周りを角速度7.29×10^{-5}s^{-1}で回転しているため、自転による力を考慮しなければなりません。

　なお、第一法則を拡張したものとして、**角運動量保存則**があります。角運動量保存則によると、円周に沿って何も力が働いていない場合、円運動する物体の速さは、回転半径に**反比例**します。

　地球の自転によって働く見かけの力を、**コリオリ力（転向力）**といい、角速度をΩ、自転の向きに進む物体の速度をuとすると、**2Ωu**と表されます。コリオリ力は、鉛直方向にも働きますが、重力加速度よりかなり小さい力です。このため、大規模な大気現象を扱う場合は、**水平成分**のみを考えればよいです。緯度ϕ・水平速度Vで動いている物体に働くコリオリ力の水平成分は、**2ΩVsinϕ**です。

　$f = 2\Omega \sin\phi$を、**コリオリパラメータ（惑星渦度）**と呼びます。コリオリパラメータと風速の積が、コリオリ力です。コリオリ力には、次の特徴があります。

- コリオリ力は、北半球では進行方向に対して**垂直右向き**、南半球では進行方向に対して**左向き**に働く。
- 風速が同じなら、コリオリ力の大きさは**sinϕ**に比例する。

●緯度が同じなら、コリオリ力の大きさは風速に**比例**する。

●コリオリ力によって、物体の動く速さは**変わらない**。

●コリオリ力は、動かないものには**働かない**。

学習のポイント

●コリオリ力は、見かけの力のため、物体の動く速さを変化させない。

●風にかかるコリオリ力は、$\sin\phi$ に比例するため、極で最大となり、赤道で0となる。

理解度チェック

演習問題

　地球上で働くコリオリ力について正しく説明しているものを、下記の①〜⑤の中から1つ選べ。

① コリオリ力は、北半球では北向きの大気の流れに対して西向きに働く。

② コリオリ力は、南半球では南向きの大気の流れに対して西向きに働く。

③ コリオリ力は、南半球では南向きの大気の流れに対して南向きに働く。

④ 大気に働くコリオリ力は、緯度が同じ場合には風速に比例する。

⑤ 大気に働くコリオリ力は、緯度が同じ場合には風速に反比例する。

解説と解答

　コリオリ力は、北半球では進行方向の右側にかかるため、北向きの大気の流れに対しては東向き（右側）に働く。南半球では進行方向の左側にかかるため、南向きの大気の流れに対しては東向き（左側）に働く。

　また、大気に働くコリオリ力は、緯度が同じ場合には風速に比例する。

解答：④大気に働くコリオリ力は、緯度が同じ場合には風速に比例する。

2 地衡風

　気圧差がある水平面の空気塊について、等圧線は平行であるとします。この空気塊には、気圧の**高い**ほうから**低い**ほうへ**気圧傾度力**がかかります。

図表5-1 | 気圧傾度力のイメージ

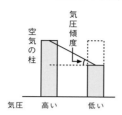

気圧は、単位面積を底面に持つ空気の柱の重さに相当する。気圧が高い空気の柱は背が高く、気圧の低い柱は背が低くなるため、空気の柱の上には斜面ができることになる。この斜面の傾きの大きさが気圧傾度、斜面を滑り落ちようとする力が気圧傾度力に相当する。

　等圧線の間隔（長さ）Δnでの気圧差をΔP、空気の密度をρとするとき、気圧傾度力は、**$Pn = -\Delta P/\rho \Delta n$**となります。ただし、$\Delta P < 0$です。

　空気塊が気圧傾度力に従って運動を始めると、見かけの力である**コリオリ力（転向力）**が働きます。空気塊が直線運動をする場合、最終的には気圧傾度力とコリオリ力が釣り合い、北半球では気圧の高いほうを**右**に、南半球では気圧の高いほうを**左**に見る向きに運動します。このような場で発生する風を、**地衡風**といいます。

図表5-2 | 気圧傾度力とコリオリ力（転向力）の関係

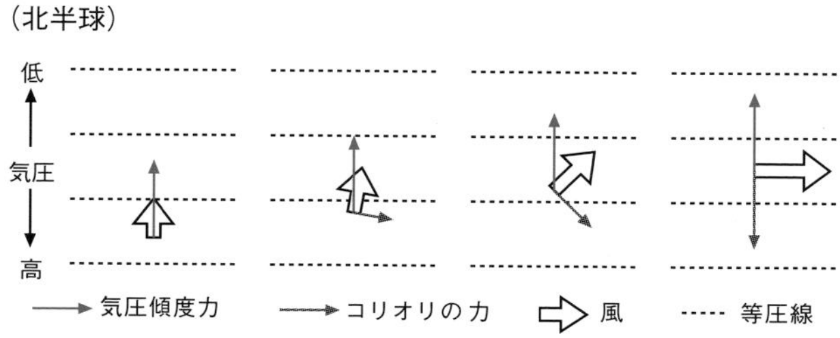

（北半球）

低 ←気圧→ 高

── 気圧傾度力　　──▶ コリオリの力　　⇨ 風　　⋯⋯ 等圧線

　コリオリ力を$2\Omega V\sin\phi$とすると、**$Pn = 2\Omega V\sin\phi$**となるため、風速は、**$V = -\Delta P/(2\rho\Omega\sin\phi\times\Delta n)$**となります。この式に静力学平衡の関係

式（$\triangle P = - \rho g \triangle z$）を代入すると、**V = g × △z/（2Ω sin φ × △n)** となります。

　関係式から、**気圧傾度力が一定の場合、地衡風速は高緯度ほど弱くなります。**[※] また、緯度が一定の場合、気圧傾度力と風速は**比例**します。

※ $Pn = 2\Omega \sin \phi \times V$ より、気圧傾度力が同じなら、コリオリパラメータ（惑星渦度）と風速は反比例します。コリオリパラメータは、緯度が高くなるほど大きくなるため、その分、風速は弱くなります。

▌学習のポイント

● **地衡風速：** $V = - \triangle P/(2\rho\Omega \sin \phi \triangle n)$ と、$V = g \triangle z /(2\Omega \sin \phi \triangle n)$ から求められる。

▌理解度チェック

（演習問題①）

　次の図から、地点 A の地衡風速を整数値で求めよ。ただし、地点 A の緯度は30°、地球の自転角速度を $7.3 \times 10^{-5}\mathrm{s}^{-1}$、空気の密度を $1.0\mathrm{kgm}^{-3}$ とする。

（解説と解答）

　気圧差がわかり緯度が30°であるため、$V = -(1/f\rho)(\triangle P/\triangle n)$ を使う。条件より、$f = 2 \times 7.3 \times 10^{-5} \times \sin 30° \mathrm{s}^{-1}$、$\rho = 1.0\mathrm{kgm}^{-3}$

　$\triangle n = 600 \times 10^3\mathrm{m}$、$\triangle P = -12 \times 10^2\mathrm{Pa}$ を代入すると、$V = - \{(1/(2 \times 7.3 \times 10^{-5} \times \sin 30° \times 1.0)\} \times \{(-12 \times 10^2)/(600 \times 10^3)\} = 27.39 \doteqdot 27$

解答：27 m／s

（演習問題②）

　500hPa高層天気図で、東経140°線上の北緯25°の高度が5880m、北緯35°の高度が5780m、等高度線は東西に平行であった。このときの北緯30°

における地衡風速を整数値で求めよ。ただし、地球の自転角速度を7.3×10^{-5}s^{-1}、重力加速度を10ms^{-2}、北緯25°〜北緯35°間の距離を1100kmとし、この区間の高度傾度は一定であったとする。

解説と解答

V＝（g/f）（Δz/Δn）を使う。高度差がわかり緯度が25〜35°（平均30°）であるため、条件より、g＝10ms^{-2}、f＝2×7.3×10^{-5}×sin30°、ΔZ＝100m、Δn＝1100×10^{3}mを代入すると、V＝{10/（2×7.3×10^{-5}×sin30°）}×{100/（1100×10^{3}）}＝12.45≒12

解答：12m/s

3　温度風

　対流圏内では、赤道付近は気温が高く、極に近づくほど気温が低くなります。静力学平衡の関係によると、温度が高いほど気層の厚さが**厚い（大きい）**ため、上空の同じ高さでの気圧は、赤道付近より極付近のほうが**低く**なります。つまり、温度に水平方向の傾度があることから、気圧差が生じ、地衡風が発生します。

　北半球で見ると、上空の水平面では南ほど気圧が**高い**ため、地衡風は**東向き**に吹きます。また、上空になるほど同じ高さの南北気圧差は**大きく**なるため、地衡風の風速は**大きく（速く）**なります。このように、温度傾度がある場で上空に向って強まりながら吹く理論上の風を、**温度風**といいます。温度傾度は、**中緯度**付近で最も大きくなるため、中緯度の上空で**偏西風が強く**なります。

　温度風は、ある層間の平均気温の等温線を描くと、北半球では、**低温側を**左に見るようにして、等温線に**平行**に吹きます。温度風では、層の**上面**の**地衡風ベクトル**から、層の**下面**の地衡風ベクトルを引いたものに**等しく**なります。また温度風の強さは、層間の平均気温の温度傾度に**比例**します。

　なお、温度風が存在する場に寒気移流があると、北半球では、地衡風の風向は、高度とともに**反時計回り**に変化します。これは、上空の気圧の**尾根**の

前面に相当します。反対に、温度風が存在する場に暖気移流があると、北半球では、地衡風の風向は、高度とともに**時計回り**に変化します。これは、上空の気圧の**谷**の前面に相当します。

図表5-3｜ある層間の温度風のイメージ（北半球の場合）

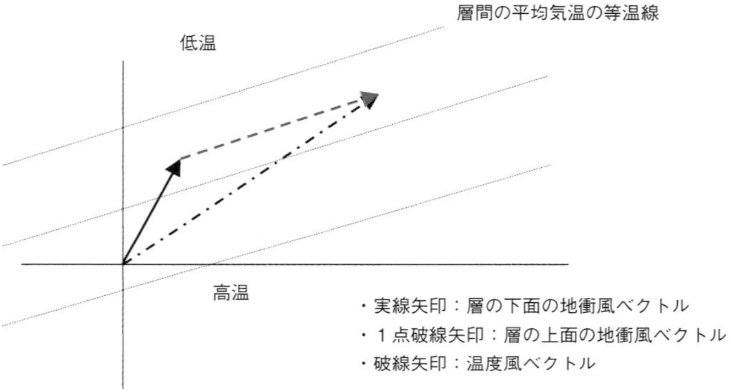

層間の平均気温の等温線

低温

高温

・実線矢印：層の下面の地衡風ベクトル
・１点破線矢印：層の上面の地衡風ベクトル
・破線矢印：温度風ベクトル

▌学習のポイント

● **温度風**：ある層間の平均気温の等温線を描くと、北半球では、低温側を左に見るようにして、等温線に平行に吹く。層の上面の地衡風ベクトルから、層の下面の地衡風ベクトルを引いたものに等しくなる。
● **温度風の強さ**：層間の平均気温の温度傾度に比例する。
● 温度風は、実技試験でも頻出される。

▌理解度チェック

【演習問題】

　次の図は、北半球におけるある層間の温度風を表すイメージ図である。図について正しく説明しているものを、下記の①〜⑤の中から１つ選べ。なお、図の実線の矢印は、下層の地衡風ベクトルを表すものとする。

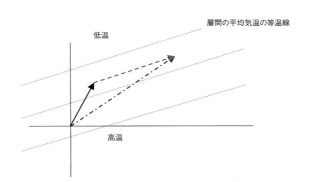

① 破線の矢印は温度風ベクトルで、寒気移流があることがわかる。

② 1点破線の矢印は温度風ベクトルで、寒気移流があることがわかる。

③ 破線の矢印は温度風ベクトルで、暖気移流があることがわかる。

④ 1点破線の矢印は温度風ベクトルで、暖気移流があることがわかる。

⑤ 1点破線の矢印は温度風ベクトルで、移流がないことがわかる。

解説と解答

　温度風が存在する場に寒気移流があると、北半球では、地衡風の風向は、高度とともに反時計回りに変化する。反対に、温度風が存在する場に暖気移流があると、北半球では、地衡風の風向は、高度とともに時計回りに変化する。

解答：③破線の矢印は温度風ベクトルで、暖気移流があることがわかる。

4　傾度風・旋衡風

　大気の中層や上層で等圧線が同心円状の場合、空気塊の運動は円運動になります。円運動のときは、気圧傾度力とコリオリ力のほかに、円の中心から外向きに**遠心力**が働くため、3力のバランスの下に空気塊が運動することになります（**図表5-5**）。このような場で発生する風を、**傾度風**といいます。

図表5-4 | 遠心力のイメージ

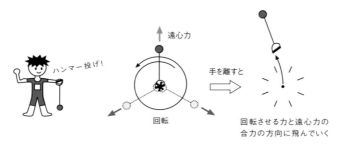

遠心力の大きさは、回転半径に**反比例**し、**速度の2乗に比例**します。

気圧傾度力は、常に**気圧の高いほうから低いほうへ働く**ため、北半球では、低気圧性（反時計回り）の運動の場合、**気圧傾度力がコリオリ力と遠心力**の合力に釣り合います。高気圧性（時計回り）の運動の場合、**コリオリ力**が**気圧傾度力**と**遠心力**の合力に釣り合います。つまり、気圧傾度力が等しい場合、気圧傾度力に**遠心力**が加算される高気圧性の傾度風のほうが、風速が大きいことになります。

なお、**高気圧**は、発達限界があり、一定の気圧傾度より大きくなれません。

図表5-5 | 気圧傾度力・コリオリ力・遠心力の関係

風速が非常に大きく、曲率半径（円運動の半径）が小さい場合、**遠心力が大きくなり**、コリオリ力の大きさが無視できるほどになります。この場合、気圧傾度力と遠心力が釣り合った状態で、空気塊が運動することになります。このような場で発生する風を、**旋衡風**といいます。

たとえば、積乱雲の下で発生する**竜巻**の風は、**旋衡風平衡**がほぼ成り立ちます。竜巻内は、気圧が周りに比べて10hPa前後も低くなることがありま

す。気圧の低い場所に空気が流れ込むと、空気が膨張します。また、断熱膨張した空気は、温度が下がるため凝結が起こり、漏斗状または柱状の雲（ろうと雲）が発生します。

　旋衡風は、規模が小さいため、進行方向を変えるコリオリ力がほとんど働きません。このため、低気圧性であっても、北半球でも時計回りの風になる場合があります。

理解度チェック

演習問題

　竜巻について述べた次の文（a）〜（d）の正誤について、下記の①〜⑤の中から正しいものを1つ選べ。

（a）竜巻の風は、旋衡風平衡がほぼ成り立つ。

（b）竜巻でも、気圧傾度力は気圧の高いほうから低いほうへ働く。

（c）竜巻では、コリオリ力の大きさが無視できるほどに遠心力が大きくなる。

（d）竜巻によるろうと雲内に入った空気は、断熱膨張する。

① （a）のみ誤り

② （b）のみ誤り

③ （c）のみ誤り

④ （d）のみ誤り

⑤ すべて正しい

解説と解答

（a）竜巻の風では、旋衡風平衡がほぼ成り立つ。

（b）竜巻であっても、気圧傾度力は気圧の高いほうから低いほうへ働く。

（c）竜巻では、遠心力が大きくなり、コリオリ力の大きさが無視できるほどになる。

（d）竜巻で発生したろうと雲内に入った空気は、断熱膨張する。

解答：⑤すべて正しい

上空の地衡風は、**気圧傾度力**と**コリオリ力**の釣り合いの下に吹きます。地表付近での地衡風は、気圧傾度力とコリオリ力に、地表面との間の**摩擦力**が加わります。摩擦力は、風の運動方向の**反対向き**に働き、風速を**弱める**とともに**風向**を変化させます。

図表5-6 | **摩擦力による地衡風の変化**

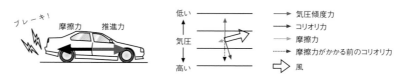

地表付近では、気圧の**高いほう**から**低いほう**へ、等圧線を横切るように風が吹きます。摩擦力が**大きい**ほど、等圧線を横切る角度が**大きく**なります。等圧線が同心円状の場合も、等圧線を横切る角度が**大きく**なります。このため、低気圧周辺では、低気圧の**中心に向かって**風が吹き、高気圧周辺では、高気圧の**外側に向かって**風が吹きます。

地表の摩擦力が及ぶ範囲は、**大気境界層**ともいい、地表から高度約**1000m＝1km前後**です。境界層は、気温の日変化などの熱的性質を考慮して定義する場合もあります。この場合は、地表から数十ｍまでを**接地層**、数十ｍから1000ｍ付近までを**対流混合層**、1000ｍ付近から1500ｍ付近までを**移行層**（エントレインメント層）といい、あわせて大気境界層といいます。また、接地層の上端から大気境界層の上端までをエクマン境界層といい、熱的に見た境界層の上の大気を、**自由大気**といいます。

図表5-7 | **大気境界層の変化**

対流混合層内では、乱流や乱渦によって大気がよくかき混ぜられているため、水の相変化がない状態なら、温位・混合比・風速がほぼ一定になります。

図表5-8｜境界層内の温度・温位・風速・混合比の高度分布図（正午頃の例）

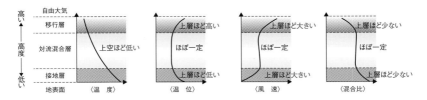

図表5-9は、コリオリ力と摩擦力のベクトルを示したものです。ただし、摩擦力は、風ベクトルの真逆にかかるものとしています。

図表5-9｜コリオリ力と摩擦力のベクトル

※実線・破線は等圧線を示す。

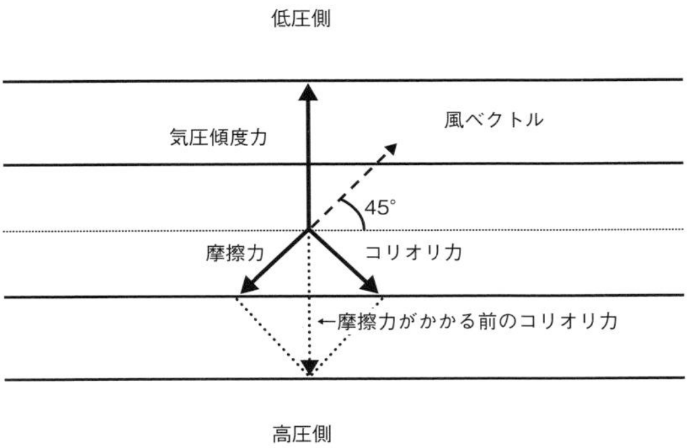

図表5-9のように、風の進行方向が、摩擦力によって等圧線に対して45°低圧側に曲がったとき、風速は、摩擦力がかかる前の$1/\sqrt{2}$倍になります。摩擦力とコリオリ力のベクトルが直交し、同じ大きさになります。

学習のポイント

- 摩擦力がかかると、風速が弱まる。風速が弱まると、コリオリ力が弱ま

る。つまり、コリオリ力は風速に比例する。摩擦力がかかると、気圧傾度力とのバランスが崩れ、風の進行方向は、低圧側に曲げられる。

● 摩擦による風速の変化は、コリオリ力の大きさの変化に注意する。

● 大気境界層の混合層内では、凝結や蒸発がなければ、温位・混合比・風速が一定になる。凝結・蒸発の有無に関わらず、相当温位は一定になる。温位・混合比が一定のため、乾燥中立となり、上空ほど気温が下がり相対湿度が上がることに注意する。

● 混合層内では、乱流・乱渦によって運動量が運ばれるため、風速はほぼ一定になる。接地層では、地表に近づくと、風速は急激に減速する。

理解度チェック

演習問題

　図は、大気境界層内の正午頃の温位、混合比、風速、気温を表すイメージ図である。次の（a）〜（d）に入る語句の組み合わせとして正しいものを、下記の①〜⑤の中から1つ選べ。

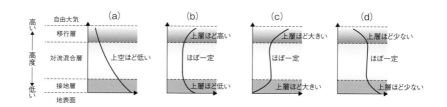

① （a）気温　　（b）風速　　（c）混合比　　（d）温位
② （a）気温　　（b）温位　　（c）風速　　（d）混合比
③ （a）温位　　（b）気温　　（c）風速　　（d）混合比
④ （a）温位　　（b）混合比　　（c）気温　　（d）風速
⑤ （a）温位　　（b）風速　　（c）気温　　（d）混合比

解説と解答

（a）接地層、対流混合層、移行層で、高度とともに値が小さくなっているた

め、気温である。

(b) 絶対不安定の接地層で高度とともに値が小さくなり、乾燥中立の対流混合層ではほぼ一定、条件付き不安定の移行層からは値が大きくなっているため、温位である。

(c) 上空ほど地面の摩擦が小さくなることから高度とともに値が大きい。ただし、よくかき混ぜの起こっている対流混合層ではほぼ一定であるため、風速である。

(d) 地表から離れる上空ほど水分は少なくなることから高度とともに値が小さい。ただし、よくかき混ぜの起こっている対流混合層ではほぼ一定であるため、混合比である。

解答：② (a) 気温　(b) 温位　(c) 風速　(d) 混合比

6　収束・発散

　空気塊の面積が、水平面で単位時間あたりに変化する量について、増加している場合を**発散**、減少している場合を**収束**といいいます。収束は、風が集まる場や、進行方向に向って速度を減速している場に生じます。

　x方向に速度が⊿u、y方向に速度が⊿v変化しているとき、風の発散と収束は、次の式で表せます。

発散の式＝（⊿u/⊿x）＋（⊿v/⊿y）

　収束が生じている場合、（⊿u/⊿x）＋（⊿v/⊿y）は0より**小さく**なります。収束は、前線を活発にする要因になります。

図表5-10で、P_1の風向が270°、P_2が225°、P_3が180°、P_4が300°で、それぞれの風速が$10ms^{-1}$とします。ただし、北を360°とし、たとえば、風向90°は東風となります。

図表5-10 | 座標軸と風の出入り

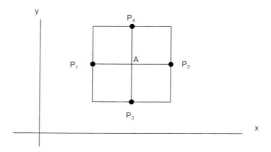

　風は、方向と大きさを持ったベクトル量のため、風向と風速の2つの成分によって表されます。東西成分（u：西風がプラス・東風がマイナス）、南北成分（v：南風がプラス・北風がマイナス）、垂直成分（w：上向きがプラス・下向きがマイナス）に分けて表します。

　図表5-10のP_1・P_2・P_3・P_4の4地点について、風の東西成分（u成分）と南北成分（v成分）は、次のとおりです。

・P_1：u成分**10ms^{-1}**、v成分**0ms^{-1}**
・P_2：u成分**10/√2ms^{-1}**、v成分**10/√2ms^{-1}**
・P_3：u成分**0ms^{-1}**、v成分**10ms^{-1}**
・P_4：u成分**5√3ms^{-1}**、v成分**－5ms^{-1}**

　図表5-11は、**図表5-10**をu成分とv成分に分解したものです。

図表5-11 | 風の成分の分解図

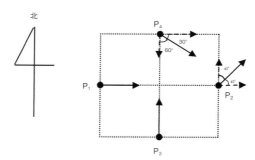

学習のポイント

● 風の発散の式で、解の符号がプラスなら発散、マイナスなら収束を示す。

● 空気の出入りの量は、試験問題で頻出。「入ってくる（出て行く）面に直交する風成分×その面積」で求められる。

理解度チェック

（演習問題①）

図の中心Aから周囲の4点の距離が500kmのとき、Aの発散量を有効数字2桁で求めよ。なお、P_1の風向が270°、P_2が225°、P_3が180°、P_4が300°で、それぞれの風速を10ms^{-1}とし、$\sqrt{2}$の値は1.4とする。

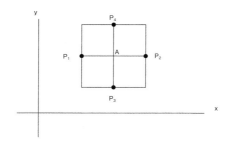

（解説と解答）

発散の式 $(\triangle u/\triangle x)+(\triangle v/\triangle y)$ を用いる。

$\triangle x$はP_1からP_2までの距離、$\triangle y$はP_3からP_4までの距離を示す。地点Aから周囲の4点までの距離が500kmのため、$\triangle x = \triangle y = 1000$km

よって、$(10/\sqrt{2}-10)/(1000\times10^3)+(-5-10)/(1000\times10^3)$

$10/\sqrt{2}=5\sqrt{2}=7$とすると、$-3\times10^{-6}+(-15\times10^{-6})=-18\times10^{-6}=-1.8\times10^{-5}$s^{-1}

解答：-1.8×10^{-5}s^{-1}

（演習問題②）

図の半径1000mの円柱で、10ms^{-1}の下降流があった。この下降流が地面に衝突し、地面から100mの厚さで放射状に広がったとき、下降流の中心から2000mの地点の風を求めよ。ただし、空気の密度変化や地面摩擦は、考

慮しないものとする。

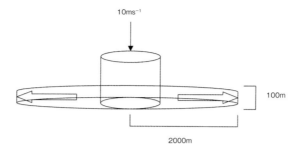

　空気の出入りの量は、「入ってくる面または出て行く面に直交する風成分×その面積」で求められる。

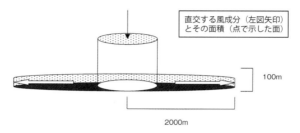

直交する風成分（左図矢印）とその面積（点で示した面）

　1秒間あたりに入ってくる空気は、$\pi \times 1000^2 \times 10 = 10^7 \pi$、1秒間あたりに出て行く空気は、$2\pi \times 2000 \times 100 \times$速度。入ってくる空気と出て行く空気の量は等しいため、$10^7 \pi = 2\pi \times 2000 \times 100 \times$速度。

　よって、速度 $= 100/4 = 25\mathrm{ms}^{-1}$

解答：25ms^{-1}

7　渦度

　空気の回転の程度を、渦度といいます。地球の自転によって発生する渦度を、コリオリパラメータ（**惑星渦度**）といいます。風向や風速の違いによって発生する渦度を、**相対渦度**といいます。惑星渦度と相対渦度の和を、**絶対**

渦度といいます。非発散層では、**絶対渦度が保存されます（絶対渦度保存則）**。なお、天気図に記載される渦度は、**相対渦度の鉛直成分**を示します。

渦度＝相対渦度の鉛直成分（ζ）は、$\zeta = (\triangle v / \triangle x) - (\triangle u / \triangle y)$ で求められます。反時計回りの場合、符号を**正**とする値になります。高層天気図において、**正渦度**の中心は気圧の谷になり、**負渦度**の中心は気圧の尾根になります。

第1編 学科一般試験対策 第2編 第3編

▌学習のポイント

- 地球の自転によって発生する渦度を、コリオリパラメータ（惑星渦度）という。
- コリオリパラメータの鉛直成分は、$2 \Omega \sin \phi$。
- 発散場では渦度は小さくなり、収束場では渦度は大きくなる。
- **絶対渦度保存則**：発散も収束もない非発散層では、絶対渦度は保存される。
- **発散量を求める式**：$\triangle u / \triangle x + \triangle v / \triangle y$
- **渦度を求める式**：$\triangle v / \triangle x - \triangle u / \triangle y$
- 距離がkmで示されている場合には、mに直すのを忘れないようにする。
- 風のu成分の東風成分と、風のv成分の北風成分には、マイナスの符号が付くことに注意する。

▌理解度チェック

（演習問題①）

次の図で、P_1の風向が270°、P_2が225°、P_3が180°、P_4が300°で、それぞれの風速が10ms^{-1}とした場合の相対渦度の鉛直成分を、有効数字2桁で求めよ。ただし、北を360°とし、たとえば、風向90°は東風となる。なお、図の中心Aから周囲の4点それぞれの距離は、500kmとし、$\sqrt{2}$の値は1.4、$\sqrt{3}$の値は1.7とする。

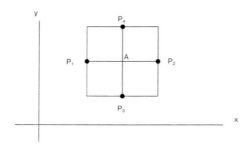

解説と解答

　渦度の式（⊿v/⊿x）−（⊿u/⊿y）を用いる。解の符号がプラスなら正渦度、マイナスなら負渦度を示す。

　⊿xはP_1からP_2までの距離、⊿yはP_3からP_4までの距離を示す。地点Aから周囲の4点までの距離が500kmのため、⊿x = ⊿y = 1000km

　よって、$(10/\sqrt{2} - 0)/(1000 \times 10^3) - (5\sqrt{3} - 0)/(1000 \times 10^3) = 5\sqrt{2} \times 10^{-6} - 5\sqrt{3} \times 10^{-6} = -1.5 \times 10^{-6} \text{s}^{-1}$

解答：$-1.5 \times 10^{-6} \text{s}^{-1}$

演習問題②

　絶対渦度保存則が成り立っている場合、北極で相対渦度が0の空気の相対渦度がΩになる北緯を求めよ。ただし、Ωは地球の自転角速度とする。

解説と解答

　絶対渦度＝惑星渦度＋相対渦度惑星渦度＝$2\Omega \sin\phi$のため、北極での惑星渦度は2Ωになる。したがって、北極での絶対渦度＝$2\Omega + 0 = 2\Omega$であり、絶対渦度は保存されるため、惑星渦度がΩのときに相対渦度がΩになる。

　よって、$\Omega = 2\Omega \sin\phi$となり、$\sin\phi = 1/2$となる。$\sin$で$1/2$の値をとるのは$\sin 30°$のため、$\phi = 30°$

解答：$\phi = 30°$

8 温度移流の計算

図表5-12で、9℃の等温線と15℃の等温線の水平距離が600kmとすると、水平温度傾度は、600km進んで6℃変化するため、1mあたり1.0×10^{-5}℃変化します。したがって、この間の水平温度傾度は**1.0×10^{-5}℃m^{-1}**です。

図表5-12 | 温度移流のイメージ

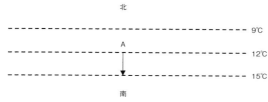

※破線は等温線を示す。

図表5-12の水平温度傾度が変わらないとき、地点Aで、矢印の方向に風速10ms^{-1}で、1時間風が吹き続けたとすると、温度移流による気温変化は、**－0.36℃**です。

矢印の方向の風は、等温線に直交しているため、水平温度傾度と風速をかければ、1秒間あたりの温度移流量が求められます。**図表5-12**は、寒気移流であるため、移流量にマイナスを付けます。

1.0×10^{-5}℃m$^{-1} \times -10$ms$^{-1} = -1.0 \times 10^{-4}$℃s^{-1}が、1時間吹き続けるため、
$-1.0 \times 10^{-4} \times 3600 = -0.36$℃

また、北西風の場合、同じ風速でも等温線に直交する風成分は、北風の$1/\sqrt{2}$になるため、温度移流量も北風の**$1/\sqrt{2}$倍**になります。したがって、地点Aで、風速10ms^{-1}、風向北西で、1時間風が吹き続けたとすると、温度移流による気温変化は、**－0.36℃を$1/\sqrt{2}$倍**した値になります。

水平温度移流（暖気移流や寒気移流）の単位時間の温度変化は、次の式で求められます。

水平温度傾度×等温線に直交する風成分×吹続時間

図表5-12では、等温線が東西に平行のため、北西風の場合、等温線に直

交する風の成分は、風速の$1/\sqrt{2}$倍になります。

図表5-13 | 北西風の風成分

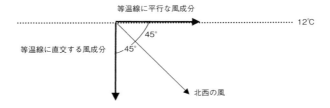

理解度チェック

演習問題

　次の図で、地上の地点Aとその周辺の等温線（破線）、風向（矢印）、風速ms^{-1}などの条件より、1時間同じ温度移流があった場合に生じる気温の変化量を、下記の①～⑤の中から1つ選べ。

　なお、地点Aとその周辺の地上は平坦であり、南北に温度傾度が生じていて、4℃と5℃の等温線の間の距離は20kmである。また、地点Aの風は南西の風10ms-1で、東西に対して45°で吹いたとする。$\sqrt{2}$は1.4で計算すること。

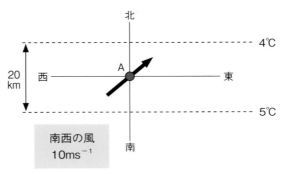

① ＋2.3～＋2.4℃

② ＋1.3～＋1.4℃

③ $+0.3 \sim +0.4$℃

④ $-1.3 \sim -1.4$℃

⑤ $-2.3 \sim -2.4$℃

解説と解答

温度傾度は1℃$/(2 \times 10^4 \text{m})$で、$10\text{ms}^{-1}$の風が45°から吹き込んでいるため、等温線に直行する成分は$10\text{ms}^{-1} \times 1/\sqrt{2}$となる。したがって、水平温度移流は、1℃$/(2 \times 10^4 \text{m}) \times 10\text{ms}^{-1} \times 1/\sqrt{2} = 3.6 \times 10^{-4}$℃$\text{s}^{-1}$となる。1秒あたりの移流量が計算できたため、1時間 = 3600秒をかけると、3.6×10^{-4}℃s^{-1} $\times 3600\text{s}$で、約1.3℃変化することになる。

高温側から風が吹くため、温度が上昇し、符号は＋になる。

解答：② ＋1.3〜＋1.4℃

9 運動のスケール

一般に、規模の大きい（水平スケールの大きい）気象現象ほど、現象の持続時間や変動の周期が**長くなります**。気象現象については、便宜上、水平スケールが2000km以上を**マクロスケール**（大規模）の現象、2〜2000kmを**メソスケール**（中規模）の現象、2kmより小さいものを**ミクロスケール**（小規模）の現象と区別します。

時間スケールで見ると、大規模現象は**年〜月単位**、中規模現象は**日〜時間単位**、小規模現象は**分〜秒単位**の現象です。

図表5-14｜主な気象現象の水平スケールと時間スケール

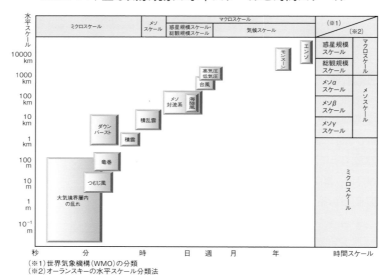

（※1）世界気象機構（WMO）の分類
（※2）オーランスキーの水平スケール分類法

▌学習のポイント

- 水平スケールと時間スケールは、比例関係にある。
- **惑星規模スケール**：水平スケールが約10000km以上で、大気の大循環などの現象のスケールである。
- **総観規模スケール**：水平スケールが約2000～10000kmで、温帯低気圧や季節風などの現象のスケールである。
- **メソαスケール**：水平スケールが約200～2000kmで、台風や小低気圧などの現象のスケールである。
- **メソβスケール**：水平スケールが約20～200kmで、海陸風や集中豪雨などの現象のスケールである。
- **メソγスケール**：水平スケールが約2～20kmで、積乱雲や晴天乱気流などの現象のスケールである。
- **ミクロスケール**：積雲や竜巻、つむじ風や乱渦などの現象のスケールである。

理解度チェック

演習問題

　空間スケールの分類について述べた次の文（a）〜（c）のうち正しいスケールを表しているものを、下記の①〜⑤の中から1つ選べ。

（a）惑星規模（プラネタリスケールまたはグローバルスケール）と総観規模（シノプティックスケール）に細分される。惑星規模は大気の大循環などの現象のスケールで、総観規模は温帯低気圧や季節風などの現象が含まれまる。

（b）水平スケールの細分で、αスケール、βスケール、γスケールに細分できる。αスケールは台風や小低気圧などの現象のスケール、βスケールは海陸風や集中豪雨などの現象のスケール、γスケールは積乱雲や晴天乱気流などの現象のスケールである。

（c）水平スケールの細分はなく、積雲や竜巻、つむじ風や乱渦などの現象のスケールである。

① （a）マクロスケール　　（b）メソスケール　　（c）ミクロスケール
② （a）メソスケール　　（b）ミクロスケール　　（c）マクロスケール
③ （a）メソスケール　　（b）マクロスケール　　（c）ミクロスケール
④ （a）マクロスケール　　（b）ミクロスケール　　（c）メソスケール
⑤ （a）ミクロスケール　　（b）マクロスケール　　（c）メソスケール

解説と解答

（a）マクロスケール（大規模）の現象は、水平スケールが約2000km以上の現象のスケールで、惑星規模（プラネタリスケールまたはグローバルスケール）と総観規模（シノプティックスケール）に細分できる。惑星規模は、水平スケールが約10000km以上で、大気の大循環などの現象のスケールである。総観規模は、水平スケールが約2000〜10000kmで、温帯低気圧や季節風などの現象が含まれる。

（b）メソスケール（中規模）の現象は、水平スケールが約2〜2000kmの現象のスケールで、メソαスケール、メソβスケール、メソγスケールに細分できる。メソαスケールは、水平スケールが約200〜2000kmで、台風や小低気圧などの現象のスケールである。メソβスケールは、水平スケー

ルが約20〜200kmで、海陸風や集中豪雨などの現象のスケールである。メソγスケールは、水平スケールが約2〜20kmで、積乱雲や晴天乱気流などの現象のスケールである。

（c）ミクロスケール（小規模）の現象は、水平スケールが約2km以下の現象のスケールで、細分はない。積雲や竜巻、つむじ風や乱渦などの現象のスケールである。

解答：①（a）マクロスケール　（b）メソスケール　（c）ミクロスケール

6　地球環境と気候

1　地球温暖化

　地球規模で関心が高まっているのは、**二酸化炭素**の増加による地球温暖化の問題です。全地球の平均気温は100年で0.6〜0.7℃上昇していますが、1970年以降の気温上昇率が著しいです（**図表6-1**）。

図表6-1 ｜ 世界平均気温・世界平均海面水位・北半球積雪面積の推移

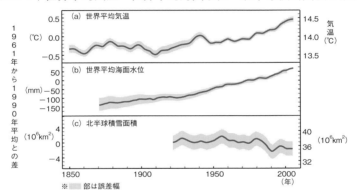

　気温を上昇させる原因には、水蒸気、二酸化炭素、メタン、フロンなどの**温室効果ガス**があります。この中で最も地球の温室効果に寄与しているのは、**水蒸気**、次に寄与しているのが、**二酸化炭素**です。なお、成層圏で紫外線を吸収する**オゾン**も、約10μmの赤外線を吸収する温室効果ガスの1つです。

　単位濃度あたりの温暖化効果は、二酸化炭素を1とすると、メタンが20倍程度、フロンが100〜10000倍程度です。なお、オゾンは定量化できません。メタンとフロンは、大気中での存在量が少ないため、二酸化炭素や水蒸気が重要視されます。ただし、**水蒸気**は年増加量が少ないため、人間活動に

伴って排出量が増加している**二酸化炭素**に注目が集まっているのです。大気に放出された二酸化炭素は、約46％が大気中に残留するといわれています。

　地球温暖化が始まれば、極地や大山脈の**氷床**や**氷河**が融解し、海水面を上昇させます。海水自体が温度上昇によって**膨張**するため、海面を上昇させますが、海面を上昇させる主な原因は、氷河の融解です。

　海面上昇によって、海抜高度以下の土地は浸水に至り、人類の生活が脅かされるだけでなく、地球規模での生態系に影響が生じます。温暖化の進行によって、熱帯の拡大や植生の不毛などによる砂漠の拡大も懸念されます。

　一方、大気中に放出されることで、気温の上昇を抑制する物質もあり、**火山噴火**に伴う**火山灰**や**亜硫酸ガス**です。大規模な火山噴火によって、火山噴出物が**成層圏**にまで吹き上げられると、日射を遮って気温上昇を抑制します。これを**日傘効果**といいます。亜硫酸ガスは、エーロゾルの一種となって成層圏に数年にわたり残留し、日射を**散乱**させて地表への到達を妨げる効果があり、地表付近の気温を低下させることにつながります。

▌学習のポイント

- **温室効果ガス**：水蒸気、二酸化炭素のほか、メタン、フロンなどがある。
- **二酸化炭素濃度**：北半球で季節変動が大きい。
- 大規模な火山噴火が起こると、水蒸気や二酸化炭素などの温室効果ガスが大気中に増えるが、日傘効果の影響のほうが大きく、地上気温は下がる。

▌理解度チェック

（演習問題）

　大気の構造について述べた次の文章の下線部（a）～（d）の正誤の組み合わせとして正しいものを、下記の①～⑤の中から1つ選べ。

　地球温暖化が進行すると、飽和水蒸気量が大きくなることから大気中の<u>(a) 二酸化炭素量</u>が増加する。このため、対流活動が生じると、多くの地域で <u>(b) 降水量の増加と降水強度が大きく</u>なることが予測されている。地球温暖化による悪影響についてはさまざまなものが指摘されているが、熱帯の拡大、植生の不毛化による砂漠の拡大など気候の大変化や、海水温の上昇に

よる海水の膨張と氷河・氷床の融解による _(c) 海水面上昇_、それに伴う島しょ部や低高度地域の _(d) 砂漠化_、熱帯病や感染症（マラリアなど）の大流行など、人類を含む生態系への大きな打撃が懸念されている。

① （a）誤　（b）正　（c）誤　（d）正
② （a）正　（b）正　（c）誤　（d）誤
③ （a）誤　（b）誤　（c）正　（d）正
④ （a）誤　（b）正　（c）正　（d）誤
⑤ （a）正　（b）誤　（c）正　（d）誤

解説と解答

（a）地球温暖化が進行すると、飽和水蒸気量が大きくなることから大気中の水蒸気量が増加する。

（b）対流活動が生じると、多くの地域で降水量の増加と降水強度が大きくなることが予測される。

（c）地球温暖化による悪影響には、海水温の上昇による海水の膨張と氷河・氷床の融解による海水面上昇がある。

（d）海面上昇により起こる島しょ部や低高度地域への影響には、水没や浸水が懸念される。

解答：④（a）誤　（b）正　（c）正　（d）誤

2 エルニーニョ現象・ラニーニャ現象

　低緯度の東部太平洋海域では、数か月にわたって海水温が平年値を数℃上回ることがあり、**エルニーニョ現象**といいます。通常、低緯度の太平洋海域では、**貿易風**の影響を受けて表層の暖水が**東から西へ**運ばれています。このため、東部太平洋海域では、深層から冷水が上昇し、海水温を下げています。しかし、貿易風が弱まった場合は、暖水が西から東へ押し戻され、深層冷水の上昇を抑えるため、東部太平洋海域の海水温が上昇します。これが、エルニーニョ現象の主な原因といわれています。

　反対に、低緯度の東部太平洋海域では、数か月にわたって海水温が平年値

を数℃下回ることがあり、**ラニーニャ現象**といいます。

図表6-2 | エルニーニョ現象・ラニーニャ現象が発現したときの大気と海洋

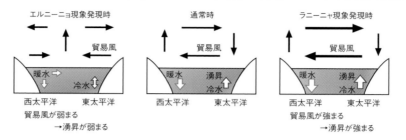

エルニーニョ現象・ラニーニャ現象は、貿易風（偏東風）の強弱と、それに伴うペルー付近の沿岸湧昇、赤道湧昇の強弱の結果として現れる海面水温の下降・上昇に現れます。

図表6-3 | エルニーニョ現象等監視海域

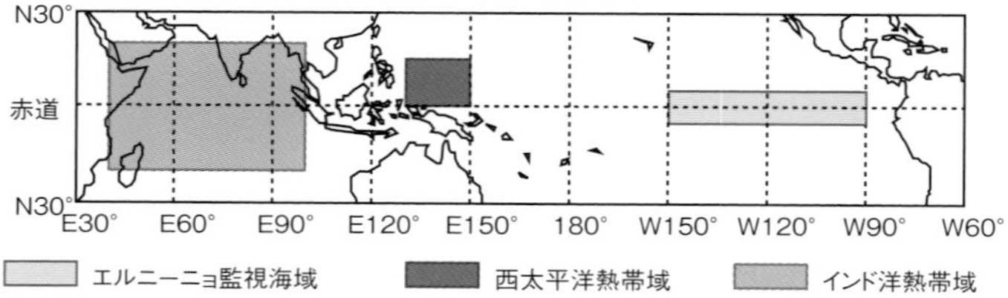

エルニーニョ現象やラニーニャ現象は、大気の状態にも影響を及ぼします。通常、海水温の高い**西部太平洋上**では、平均的に気温が高くなるため、**上昇気流**が発生します。この空気が**東部太平洋上**に運ばれ、**下降気流**となって**対流**し、循環しています。このような赤道付近での東西の大気循環を、**ウォーカー循環**といいます。**エルニーニョ現象**が発生すると、海水温の高い海域が**東**へ移動するため、**上昇気流の発生域**も東へ移動し、ウォーカー循環が弱まります。通常時は、東部太平洋上で気圧が高く、西部太平洋上で気圧が低いですが、エルニーニョ現象の発生時にはともに弱まり、ラニーニャ現象発生時にはともに強まります。このように、気圧系のコントラストが強弱

を繰り返すことを、**南方振動**といい、ウォーカー循環の強弱が原因です。

　日本では、エルニーニョ現象が発生すると、冷夏・暖冬になり、ラニーニャ現象が発生すると、猛暑・酷寒になるといわれています。このように、遠方の現象が遠くの現象や気候に影響を及ぼすことを、**テレコネクション**といいます。

図表6-4 │ **エルニーニョ現象・ラニーニャ現象の日本への影響**

（a）エルニーニョ現象発現時の夏季

（b）エルニーニョ現象発現時の冬季

（c）ラニーニャ現象発現時の夏季

（d）ラニーニャ現象発現時の冬季

※気象庁資料に基づく。

　エルニーニョ現象が発生すると、太平洋西部の海面水温が低下し、付近での対流活動が不活発になります。偏西風の波動も小さくなるため、夏季には太平洋高気圧、冬季には日本付近の冬型の気圧配置が弱くなります。

　ラニーニャ現象が発生すると、太平洋西部の海面水温が上昇し、付近での対流活動が活発になります。偏西風の波動が大きくなるため、夏季には太平洋高気圧が北へ張り出しやすくなり、冬季には日本のすぐ東で低気圧が発達しやすくなり冬型が強くなります。

● **エルニーニョ現象**：貿易風が弱い（ウォーカー循環が弱い。低緯度太平洋西部では弱い西風）、湧昇が弱い（海面水温が平年より上昇）、対流活動が活発になるのは太平洋中部（太平洋西部での対流活動は不活発）、日本で冷夏・暖冬の傾向、インドネシアやオーストラリアでは干ばつが起こることがある。

● **ラニーニャ現象**：貿易風が強い（ウォーカー循環が強い。低緯度太平洋全域で東風）、湧昇が強い（海面水温が平年より下降）、対流活動が活発になるのは太平洋西部（太平洋中部での対流活動は不活発）、日本で猛暑・厳冬の傾向。

■ 理解度チェック

（演習問題）

　エルニーニョ現象が発生しているときの一般的な特徴について述べた次の文（a）～（e）の正誤について正しいものを、下記の①～⑤の中から1つ選べ。

（a）貿易風が弱い。

（b）ウォーカー循環が弱い。

（c）低緯度太平洋東部で湧昇が弱い。

（d）太平洋中部で対流活動が不活発になる。

（e）インドネシアやオーストラリアで干ばつが起こることもある。

① （a）のみ誤り

② （b）のみ誤り

③ （c）のみ誤り

④ （d）のみ誤り

⑤ （e）のみ誤り

（解説と解答）

（a）エルニーニョ現象が発生しているときは、貿易風が弱い。

（b）エルニーニョ現象が発生しているときは、ウォーカー循環が弱い。

（c）エルニーニョ現象が発生しているときは、低緯度太平洋東部で湧昇が弱

い。
(d) エルニーニョ現象が発生しているときは、太平洋中部で対流活動が活発になる。
(e) エルニーニョ現象が発生しているときは、インドネシアやオーストラリアで干ばつが起こることもある。

解答：④（d）のみ誤り

3 ヒートアイランド

　大気は可視光線に対して**透明**であるため、日中は日射によって暖められた**地表面**から熱が伝わり、気温が上昇します。これに対し、夜間は**放射冷却**によって地表面の温度が下がるため、地表面付近から気温が低下します。高度が上がるほど地表からの熱が伝わりにくいため、気温の日変化は、地表に近いほど**大きく**なります。

　対流圏内での平均的な大気の温度は、高度が高いほど**低く**なります。地表面付近に限れば、晴れた日の夜間は放射冷却によって地表面の温度が下がりますが、高度が上がるほど地表からの熱が伝わりにくいため、高度が高いほど気温が**高く**なり、大気の成層状態は**安定**です。このように、大気の一部が安定な成層状態になっている場合、この安定な成層を**逆転層**といいます。

　日の出を過ぎて太陽高度が高くなると、地表面付近から気温が上昇し始め、大気の逆転層は上空に取り残されます。下層は人間活動によって気温が大きく上がり、早い時間から**不安定**な成層状態になりますが、逆転層より下に、人工排熱が閉じ込められることになります。このようにして、都市部の気温が郊外より数℃気温が高くなる現象を、**ヒートアイランド現象**といいます。人間活動に伴って発生する大気汚染物質は熱とともに上昇しますが、大気中に逆転層が存在する場合、それ以上の高度には上昇できず、大気の下層に滞留することになります。このため、環境汚染も同時に進行し、汚染物質によって地球放射が**吸収**され、都市部の気温がさらに**上昇**するなど、負のフィードバックも懸念されています。

　また、都市部の緑地減少による蒸発量の減少は、地表から**気化熱（潜熱）**

を奪うことによる冷却効果を弱め、高層建築物の増加は、風通しを悪くして冷却効果を妨げます。アスファルトやコンクリートのような比熱が小さいものが多くなると、日中に吸収した熱を夜間に放出するため、放射冷却を弱め、ヒートアイランド現象の原因になっています。

　ヒートアイランド現象による都市と郊外の気温差は、日中の最高気温と夜間の最低気温では**夜間の最低気温**に、夏季と冬季では**冬季**に顕著に現れることが多いです。つまり、放射冷却が最も強く起こる状況で差が大きくなります。

▌学習のポイント

● ヒートアイランド現象によって都市部と郊外の気温差が大きくなるのは、冬の最低気温である。夏の最高気温は、郊外のほうが高くなることもある。

▌理解度チェック

演習問題

　ヒートアイランド現象の特徴について述べた次の文（a）〜（d）の正誤について正しいものを、下記の①〜⑤の中から1つ選べ。

（a）夜間に見られることもある。

（b）夜間よりも日中に顕著になる。

（c）夏よりも冬に顕著になる。

（d）原因の1つに、ガラス面による太陽光の多重反射がある。

① （a）のみ誤り

② （b）のみ誤り

③ （c）のみ誤り

④ （d）のみ誤り

⑤ すべて正しい

解説と解答

（a）建造物による蓄熱量の増大が原因で、日中に蓄えられた熱が夜間に建造物から放出されることがある。放射冷却による大気の温度低下が抑制され、夜間にヒートアイランド現象が見られることもある。

(b) 郊外が放射冷却によってよく冷えるときは、都市部と郊外の気温差が大きくなりやすいため、日中よりも夜間に顕著になる。

(c) 郊外が放射冷却によってよく冷えるときは、都市部と郊外の気温差が大きくなりやすいため、夏よりも冬に顕著になる。

(d) ヒートアイランド現象の原因には、空調設備などによる人工熱の排出、建造物（コンクリート等）による熱容量の増大、大気汚染物質などによる温室効果、ガラス面などでの太陽放射の多重反射などがある。

解答：②（b）のみ誤り

4　酸性雨

　降雨は、落下途中に大気中の二酸化炭素を取り込むため、**弱酸性**になっています。これに火山噴火や人間活動によって排出された**硫黄酸化物**や**窒素酸化物**を取り込むと、強い酸性の雨になることがあり、**酸性雨**といいます。酸性雨により、コンクリートの劣化や森林の枯死が起こっています。また、生物濃縮が起こるため、人間の食べ物にまで影響を及ぼすことがあります。

図表6-5｜酸性雨の生成過程

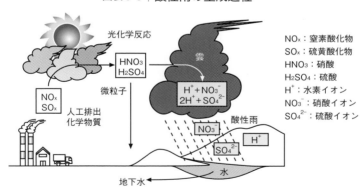

光化学反応
HNO₃
H₂SO₄
雲
NOₓ
SOₓ
微粒子
H⁺+NO₃⁻
2H⁺+SO₄²⁻
人工排出
化学物質
酸性雨
NO₃⁻
SO₄²⁻
H⁺
地下水
水

NOₓ：窒素酸化物
SOₓ：硫黄酸化物
HNO₃：硝酸
H₂SO₄：硫酸
H⁺：水素イオン
NO₃⁻：硝酸イオン
SO₄²⁻：硫酸イオン

　工場や自動車などから排出された窒素酸化物や硫黄酸化物は、日射によって光化学反応し、硫酸や硝酸が生成されます。これらは、微粒子として大気

中に浮遊したり、地上へ落下したりしますが、雲粒に取り込まれて溶け、水素イオン・硝酸イオン・硫酸イオンとして雨に混じって地上へ戻ってきます。このようにして、酸性度の上がった酸性雨ができます。酸性雨は、やがて河川を流れて流域を酸性化するほか、地下水に流れ込んで土壌を酸性化します。酸性雨は、水生生物の死滅や枯渇を招くほか、地上の生物や文化遺産などに被害をもたらします。

▍学習のポイント

● 通常の雨も弱酸性である。

▍理解度チェック

演習問題

　酸性雨の特徴について述べた次の文章の下線部（a）〜（d）の正誤の組み合わせとして正しいものを、下記の①〜⑤の中から1つ選べ。

　通常、降水は <u>(a) 二酸化炭素</u>が溶け込むことによって <u>(b) 弱アルカリ性</u>になっているが、化石燃料の燃焼や火山活動によって発生する <u>(c) 硫酸や硝酸</u>、<u>(d) 窒素酸化物や塩化水素</u>などの大気汚染物質の影響で、酸性度が高くなる場合がある。このような酸性度の高い降雨を酸性雨、降雪を酸性雪という。酸性雨は、石灰質などを含む建造物やコンクリートなどに被害を及ぼすほか、土壌や河川などを酸性化することによって、生態系の枯死や死滅などが発生する。

① （a）正　（b）誤　（c）正　（d）正
② （a）正　（b）正　（c）誤　（d）正
③ （a）正　（b）誤　（c）誤　（d）誤
④ （a）誤　（b）正　（c）正　（d）誤
⑤ （a）誤　（b）正　（c）誤　（d）正

解説と解答

　通常、降水は、二酸化炭素が溶け込むことによって、弱酸性になっている。しかし、化石燃料の燃焼や火山活動によって発生する硫酸や硝酸、窒素酸化

物や塩化水素などの大気汚染物質の影響で、酸性度が高くなる場合がある。

解答：①（a）正　（b）誤　（c）正　（d）正

5　オゾン層

　成層圏の高度約25kmを中心にして、**オゾン層**が存在します。オゾンは、大気中の酸素分子が太陽光、特に**紫外線**を吸収して分裂（**光解離**）し、他の酸素分子と結合することによって生成されます。このように、地表付近は、オゾン層によって有害な紫外線から守られていますが、1970年代に入って、南極上空にオゾンの全量の少ない領域が目立ち始めました。これは、**オゾンホール**と呼ばれ、1990年代には、オゾン量が70％前後にまで落ち込んだ例があります。オゾンは、主に化学合成物質の**フロン**から解離した塩素（塩素原子）によって分解されると考えられています。

　フロンの規制は、国際的に進められていますが、オゾンホールは近年でも観測されています。また、オゾンホールの発生には、**極成層圏雲**の存在も大きく関与しています。氷の上では、化学反応が急速に起こるためです。なお、北極で顕著なオゾンホールが見られないのは、北半球では南半球に比べて**超長波（プラネタリー波）**が顕著に現れるため、気温の低下が弱く、極成層圏雲が発生しないためです。

学習のポイント

- オゾンの量が最大になるのは、春の高緯度だが、オゾンホールができるのも春（10月）の南極である。
- フロンガスそのものがオゾンを壊すのではなく、フロンに含まれる塩素原子がオゾンを壊す。
- 偏西風波動の超長波（プラネタリー波）は、ロスビー波と呼ばれることもある。

(演習問題)

　地球のオゾンやオゾン層の状況について述べた次の文（a）～（d）の正誤について正しいものを、下記の①～⑤の中から1つ選べ。

（a）地球規模の全量は1970年代に少なくなり始め、1980年代から1990年代前半にかけて大きく減少した。

（b）1990年代後半からはわずかな増加傾向が見られた。

（c）1970年代と比べて現在も少ない状態が続いている。

（d）1980年代から1990年代半ばにかけて、南極域のオゾンホールの規模が急激に拡大した。

① （a）のみ誤り

② （b）のみ誤り

③ （c）のみ誤り

④ （d）のみ誤り

⑤ すべて正しい

(解説と解答)

（a）オゾンの地球規模の全量は、1970年代に少なくなり始め、1980年代から1990年代前半にかけて大きく減少した。

（b）オゾンの地球規模の全量は、1990年代後半からわずかな増加傾向が見られた。

（c）オゾンの地球規模の全量は、1970年代と比べて現在も少ない状態が続いている。

（d）オゾン層では、1980年代から1990年代半ばにかけて、南極域のオゾンホールの規模が急激に拡大した。

解答：⑤ すべて正しい

7 大気の運動

....

1 大気の大循環

　太陽放射の熱量と地球放射の熱量は等しく、地球全体としての熱収支は釣り合っています。この状態を、**放射平衡**といいます。緯度別に見ると、地表に入射する太陽エネルギーは、**低緯度地域のほうが大きい**ですが、地表から放射されるエネルギーは、緯度による大きな差がありません。このため、**緯度35〜40°** を境に、低緯度の地域はエネルギーが過剰になり、**高緯度の地域はエネルギーが不足**になり、低緯度地域から高緯度地域にエネルギーが輸送されることになります。

　このような熱エネルギーの輸送は、主に**大気**と**海洋**によって行われます。ただし、大気のほうが温度を1℃変化させるのに必要な熱量が小さい（熱容量が小さい）ため、大気によるエネルギー輸送が大きな割合を占めています。逆に考えれば、海洋が存在することによって、急激な環境変化が抑えられているといえます。なお、**潜熱**によっても熱は輸送されています。

　大気は温度が高いほど**密度が小さく**なるため、模式的には、**赤道付近で上昇**し、**極付近で下降**します。実際に観測された大気の流れでは、赤道付近で上昇した大気が**緯度30°付近で下降**し、**緯度60°付近で上昇**した大気が極付近で下降しています。つまり、地球規模の大気の流れは、低緯度、中緯度、高緯度にそれぞれ循環があることになります。低緯度の循環は**ハドレー循環**、中緯度の循環は**フェレル循環**、高緯度の循環は**極循環**といいます。

　それぞれの循環の地表面付近での動き（風）を見ると、コリオリ力が働くため、南北方向には流れていません。コリオリ力は、北半球では**進行方向に対して右向き**に働き、南半球では**進行方向に対して左向き**に働きます。このため、低緯度および高緯度の風向は**東寄り**になり、中緯度の風向は**西寄り**になります。低緯度および高緯度の平均的な風を**偏東風**といい、中緯度の平均的な風を**偏西風**といいます。なお、低緯度の平均的な風は貿易風、高緯度の

平均的な風は極偏東風と呼ぶことが多いです。

　地表付近では、コリオリ力のほかに摩擦力が働くため、南北成分が残ります。このため、北半球における低緯度の平均的な風を**北東貿易風**、南半球における低緯度の平均的な風を**南東貿易風**と呼ぶことがあります。また、南北両半球の貿易風が合流する帯状の境界を**熱帯収束帯**といいます。

　北半球の偏西風は、海陸の分布による熱的効果や大規模山脈などの地形効果（力学的効果）により、**南北方向**の変動が大きいです。この変動を**偏西風波動**といい、移動性高気圧や温帯低気圧の発達に影響しています。

図表7-1 | 大気の大循環モデルと熱輸送

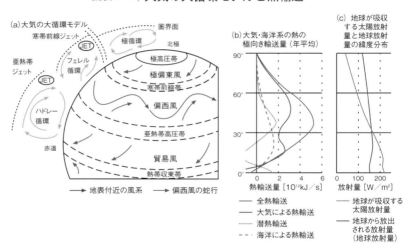

学習のポイント

- **熱輸送の手段**：大気・海洋・潜熱の3つ。潜熱輸送は、亜熱帯から赤道に向けても熱輸送をしていることに注意する。
- **大気の大循環**：ハドレー循環と極循環は鉛直循環（平均子午面循環または直接循環）、フェレル循環は水平循環（間接循環）である。
- 偏西風の波動の中で、惑星規模のスケール波長の波動（プラネタリー波または超長波）は、北半球で顕著に現れる。

理解度チェック

演習問題

次の文（a）（b）が説明している語句の組み合わせとして適切なものを、下記の①〜⑤の中から1つ選べ。

（a）中緯度付近では、直接循環のような南北循環による熱や水蒸気の輸送ではなく、偏西風の波動や温帯低気圧などの渦による熱や水蒸気の輸送が卓越し、主に水平方向に熱が輸送されている。

（b）温帯低気圧および移動性高気圧の発生・発達は、この風の波動と密接な関係があり、波動の振幅が増大するとき、温帯低気圧やそれに伴う前線および移動性高気圧が発達する。

① （a）ハドレー循環　（b）偏西風
② （a）ハドレー循環　（b）貿易風
③ （a）フェレル循環　（b）偏西風
④ （a）フェレル循環　（b）海陸風
⑤ （a）フェレル循環　（b）貿易風

解説と解答

（a）相対的に温度が高い低緯度側に下降流、相対的に温度が低い高緯度側に上昇流がある循環をフェレル循環といい、間接循環である。間接循環下にある中緯度では、ハドレー循環のような南北循環による熱や水蒸気の輸送ではなく、偏西風の波動や温帯低気圧などの渦による熱や水蒸気の輸送が卓越し、主に水平方向に熱が輸送されている。

（b）温帯低気圧および移動性高気圧の発生・発達は、偏西風の波動と密接な関係があり、波動の振幅（南北方向の蛇行の大きさ）が増大するとき、温帯低気圧やそれに伴う前線および移動性高気圧が発達する。

解答：③（a）フェレル循環　（b）偏西風

2　偏西風波動

偏西風は、海陸分布に伴う熱的効果と力学的効果によって、南北に波打っ

て見え、この動きを偏西風波動といいます。波動が大きくなると、**高気圧**や**低気圧**が発生しやすくなります。

　中緯度の大気中層（500hPa付近）では、高緯度ほど気圧が**低く**、気温が**低く**なります。地衡風の関係から、北半球において偏西風が南へ蛇行しているところは、周囲に比べて気圧が**低く**、前面の南東側には低緯度側の暖かい空気が流入し、**暖気移流**が生じます。これが**気圧の谷**であり、力学的には、渦度が**最も大きい**地点です。

　反対に、北半球において偏西風が北へ蛇行しているところは、周囲に比べて気圧が**高く**、前面の北東側には**寒気移流**が生じます。これが**気圧の尾根**であり、力学的には、渦度が**最も小さい**地点です。この時点で、地上から上空までの気圧の低い部分を結ぶ軸（気圧の谷の軸）や、地上から上空までの気圧の高い部分を結ぶ軸（気圧の尾根の軸）は、高度とともに**西に傾いて**います。この付近に、温帯低気圧が発生・発達します。

図表7-2 | 偏西風の波動と温帯低気圧の発達（北半球）

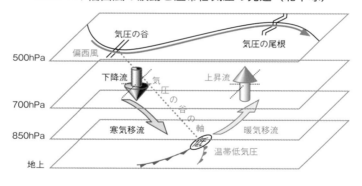

　温帯低気圧が発達するときは、次のような特徴があります。
- 地上低気圧の西側上空に気圧の谷があり（500hPa）、気圧の谷の軸が上空に向かって西に傾く。
- 低気圧の進行方向前面に暖気が流れ込み（暖気移流）、後面に寒気が流れ込む（寒気移流）。
- 低気圧の進行方向前面で上昇流が発達し、後面で下降流が発達する

（700hPa）。

　気圧の谷の軸の傾きが垂直になると、温帯低気圧の発達が止まり、衰弱が始まります。ただし、寒冷低気圧に変化して発達する場合があります。

　理想気体で構成される大気の場合、気圧の大きさに**比例**して気体の密度が大きくなり、等圧面と等密度面は平行になり、**順圧大気**となります。しかし、実際の大気は、等圧面と等密度面は平行になっていません。これは、状態方程式から、等圧面と**等温面**が交差していることを意味します。このような大気を、**傾圧大気**といいます。傾圧大気では温度風が成り立ち、上空ほど風速が大きくなります。中緯度の大気は、温度風が成り立っているため、**傾圧大気**です。

図表7-3 ｜ 傾圧大気の構造

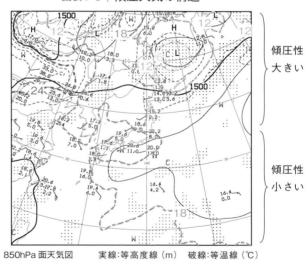

傾圧性
大きい

傾圧性
小さい

850hPa 面天気図　　実線:等高度線（m）　破線:等温線（℃）

　等圧面天気図を作成した場合に、等温線を描くことができれば、その大気は傾圧大気です。等温線の間隔が狭いほど、傾圧性が大きいことを表します。

　気圧の谷の後面の温度が低いほど、前面の暖気との温度差が大きくなるため、前線の活動が**活発**になり、低気圧が**発達**します。偏西風波動が大きくな

り過ぎると、気圧の最も低い部分が**寒気**とともに切り離され、気圧の最も高い部分が**暖気**とともに切り離されます。前者を**切離低気圧**、または、中心に寒気を伴っている観点から**寒冷低気圧**といい、後者を**切離高気圧**、または、気圧系の動きを止める観点から**ブロッキング高気圧**といいます。温度風が成り立っているため、上空ほど風速が**強く**、上空の気圧の谷は、下層の低気圧の中心に追いつきます。このため、この時点で、気圧の谷の軸や気圧の尾根の軸は、ほぼ鉛直になっていることが多いです。

▌学習のポイント

- **傾圧大気**：等圧面と等温面（等密度面）が交差する。交差角が大きいほど傾圧性が高い。
- **順圧大気**：等圧面と等温面（等密度面）が平行である。
- **傾圧不安定波**：南北の水平温度傾度が増大し、臨界値を超えて発生する。地上では温帯低気圧、移動性高気圧として現れる。
- **偏西風波動**：東西流型は、波動が弱く西風が卓越し、しだいに南北の温度傾度が大きくなる。南北流型は、波動が強く、対応する地上高気圧は優勢で、温帯低気圧も発達しやすい。ブロッキング型は、南北流型がさらに発達し、風の流れから切り離された低気圧・高気圧が現れ、数週間停滞することも多い。

▌理解度チェック

（演習問題）

偏西風波動や傾圧大気について述べた次の文（a）～（d）の正誤として正しいものを、下記の①～⑤の中から1つ選べ。

（a）850hPaの天気図上で等温線が描ける大気は、傾圧大気である。

（b）偏西風の波動による南北成分の風は、全体では熱を赤道側に運んでいる。

（c）温帯低気圧は、南北の温度傾度が大きくても水蒸気が存在しなければ発生しない。

（d）偏西風波動のパターンで温帯低気圧が発達しやすいのは、南北流型である。

① （a）と（b）が正しい
② （b）と（c）が正しい
③ （c）と（d）が正しい
④ （a）と（d）が正しい
⑤ （b）と（d）が正しい

解説と解答

（a）傾圧大気は、850hPa面だけでなく、各等圧面において等温度面が一致しない。つまり、両者が交わっているため、等圧面天気図では、等温度線を描ける。傾圧大気は、等圧面と等温面（等密度面）の交差角が大きいほど、傾圧性が高い。

（b）偏西風の蛇行により、全体では熱を極向きに輸送している。

（c）温帯低気圧は、理論上、温度傾度があると、温度傾度を緩めようとする働きによって発生する。

（d）南北流型は、南北方向の振幅が大きく、気圧の谷・気圧の尾根が明瞭になる。北半球の場合、気圧の谷の前面で南西風（暖気移流）、気圧の尾根の前面で北西風（寒気移流）が卓越するため、温帯低気圧が発生・発達しやすい。

解答：④（a）と（d）が正しい

3 季節風・局地風

　季節によって変わる卓越する風系を、**季節風**またはモンスーンといいます。季節風は、北半球の東岸地域によく見られ、日本を含むアジア地域で顕著になっています。季節風は、主に陸と海洋の**熱的性質**の差異によって生じる現象であり、周期は約1年です。

　たとえば、高緯度まで日射がある夏は、ユーラシア大陸が太平洋より高温になるため、**太平洋から大陸へ**向う風が生じます。これに対し、高緯度の日射量が減少する冬は、ユーラシア大陸が太平洋より低温になるため、**大陸から太平洋へ**向う風が生じます。

図表7-4 | アジアモンスーンの流れ

※ ➡ 北半球の冬季および夏季の代表的な大気の流れ。
※日本付近では、夏季に南寄りの流れ、冬季に北西の流れがある。

　日本列島は、周囲を海洋に囲まれているため、陸と海洋の熱的性質の違いによる風を、約1日周期で観測でき、**海陸風**といいます。海洋から陸に向かう**海風**と、陸から海洋に向かう**陸風**を合わせた用語です。海陸風は、特に、海岸に近い地域で顕著になります。

図表7-5 | 海陸風の流れ

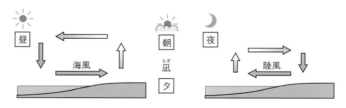

　地形的な要因によって約1日周期で変化する風系は、海陸風のほかにもあります。

　山の稜線と谷では、日中は、日射を受けやすい山の稜線付近の気温が上がりやすいため、**谷から稜線**に向かう風が生じます。反対に、夜間は、稜線付近が**放射冷却**などによって冷えやすくなるため、**稜線から谷**に向う風が生じます。このような風系を、**山谷風**といいます。

　なお、谷筋が平地まで延びている場合、日中は谷筋に沿って**上昇**する風が生じ、夜間は谷筋に沿って**下降**する風が生じます。このような風系も、山谷風と呼ばれます。

図表7-6 | 山谷風の流れ

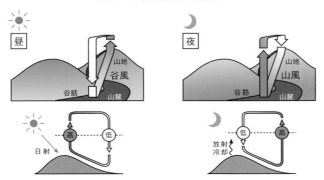

学習のポイント

● 海風と陸風を比べると、通常は、海風のほうが強い。

● **海陸風**：地上付近の風に比べて上空の反流のほうが厚く、弱い。規模が大きくなると、コリオリ力の影響を受ける。

● 斜面上昇流はアナバティック風（アナバ風）、斜面下降流はカタバティック風（カタバ風）ともいう。

● **海陸風と山谷風**：低気圧の接近など、海陸風・山谷風よりスケールの大きい気象現象による風が強いときは不明瞭になる。反対に、高気圧に覆われるなど、海陸風・山谷風よりスケールの大きい気象現象による風が弱いときは顕著に現れる。

● 南極では、放射冷却により重くなった空気が斜面を滑り落ちるように吹くカタバ風が卓越する。

理解度チェック

演習問題

　斜面上昇風と斜面下降風について述べた次の文 （a） ～ （d） の正誤について、下線部に着目して正しいものを、下記の①～⑤の中から１つ選べ。

（a） 山の稜線と谷を結ぶように斜面を駆け上がったり駆け下りたりする風のことを山谷風という。

（b） 山の斜面を上昇するように吹く風を斜面上昇風やカタバ風という。

(c) 山の斜面を下降するように吹く風を斜面下降風や<u>アナバ風</u>という。

(d) 南極では<u>カタバ風</u>が卓越する。

① (a) と (b) が正しい

② (b) と (c) が正しい

③ (c) と (d) が正しい

④ (a) と (d) が正しい

⑤ (b) と (d) が正しい

解説と解答

(a) 斜面を駆け上がったり駆け下りたりする風のことを、山谷風という。

(b) 山の斜面を上昇するように吹く風を、斜面上昇風やアナバ風（アナバティック風）という。

(c) 山の斜面を下降するように吹く風を、斜面下降風やカタバ風（カタバティック風）という。

(d) 南極では、カタバ風が卓越する。

※ (b) と (c) は混同しやすいため、注意する。

解答：④ (a) と (d) が正しい

4 前線形成と発達

水平の広がりが1000km以上にわたり、ほぼ一様な性質を持つようになった空気塊を、**気団**といいます。

温度の観点から、**極気団**、**寒帯気団**、**熱帯気団**、**赤道気団**に分類され、湿度の観点から、**大陸性気団**、**海洋性気団**に分類されます。

図表7-7 ｜ 気団分類表

温度による分類	湿度による分類
極気団 (A)	大陸性気団 (c)
寒帯気団 (P)	海洋性気団 (m)
熱帯気団 (T)	
赤道気団 (E)	

　日本の気象現象に影響するのは、主に大陸性寒帯気団の**シベリア気団**、海洋性熱帯気団の**小笠原気団**、海洋性寒帯気団の**オホーツク海気団**です。なお、熱帯大陸性気団の揚子江気団は、近年、正確には独立した気団ではないという考え方などから、気団に含めない場合があります。

　前線は、気団の境界に形成されます。実際の境界は、100km程度の幅を持ちますが、天気図に表す場合には、最も暖気寄りの位置を示すことになっています。

　南側ほど温度が高い温度傾度がある場では、次のような場合に前線の活動が活発になります。

● **収束の場**：北側から寒気、南側から暖気が集まることで、**暖気**が**寒気**側に上昇する。

● **等温線に直交する流れの向きまたは速さが異なる場**：流れの向きまたは速さが変わる点を挟んで温度差が拡大することから、前線が活発になる。

● **変形の場**：南北から集まった風が、最終的には東西に分かれる。東西に分かれる点で収束とは異なるが、南北の**温度傾度**が大きくなることで、前線の活動が活発になる。

　このように、前線の活動が活発になる過程を、**前線強化**または前線形成過程といいます。

図表7-8 ｜ 前線強化を生み出す場

（a）収束の場　　（b）等温線に直交する流れの向きまたは速さが異なる場　　（c）変形の場

… 等温線　□ 暖気　→ 暖気流　□ 寒気　→ 冷気流

　なお、2つの風の風向や風速が異なっていることを**シア**といい、水平方向の2地点の風の違いを水平シア、鉛直方向の2地点の違いを鉛直シアといいます。

- 発現地と異なる性質を持つ場所に気団が移動すると、性質が変化する。
- 前線は必ずしも風の水平シアがあるとは限らない。

演習問題

温度傾度がある場において、前線の活動が活発になる場合について述べた次の文（a）〜（c）の正誤について正しいものを、下記の①〜⑤の中から1つ選べ。

（a）暖気と寒気が衝突する場

（b）暖気流と寒気流がすれ違う場

（c）収束や発散はないが、空気の流れが変形している場

① （a）のみ誤り

② （b）のみ誤り

③ （c）のみ誤り

④ （a）と（b）が誤り

⑤ すべて正しい

解説と解答

（a）暖気と寒気が衝突する場（収束の場）では、前線の活動が活発になる。

（b）暖気流と寒気流がすれ違う場のように、等温線に直行する流れの向きまたは速さが異なる場では、前線の活動が活発になる。

（c）空気の流れが変形している場（変形の場）では、収束や発散はないが、前線の活動が活発になる。

解答：⑤ すべて正しい

5 降水セル

雷雲は、複数の**積乱雲**から構成されている場合が多く、雷雲を構成する個々の積乱雲のことを、**降水セル**といいます。

降水セルの発達は、**発達期（成長期）**、**最盛期（成熟期）**、**消滅期（減衰期）** の3段階に分けて考えることが多いです。

①発達期（成長期）の降水セル

上昇気流のみで構成され、雲は**上方**に成長します。雲粒または成長していない**雨粒**で構成されるため、地上に達する降水は発生しません。

②最盛期（成熟期）の降水セル

雲頂が対流圏上部に達し、圏界面に届いた部分が水平に広がり始めます。雲の中では**雨粒**や**氷晶**が形成、成長しています。降水セルは、**上昇気流**によって成長を続け、成熟した雨粒や氷晶が落下するのに伴い、下層に**下降気流**が発生し始めます。

氷晶が 0℃線を越えて落下するとき、**潜熱**を奪うために気温が下がり、**下降気流**が加速します。雲の下層には、冷気が蓄積されます（**冷気ドーム**）。冷気ドームは、やがて地表に向かって流れ出し、この流れを**冷気外出流**といいます。冷気外出流は、周囲の空気と衝突して、**ガストフロント**を形成します。

③消滅期（減衰期）の降水セル

下層の温度が下がることで、大気の安定化が進みます。また、降水粒子の落下に伴う**下降気流**が卓越することで、**対流**がなくなっています。降水粒子は、それ以上成長できないため、弱い雨になるか、蒸発によって消滅します。

図表7-9 ｜ 降水セルのライフサイクル

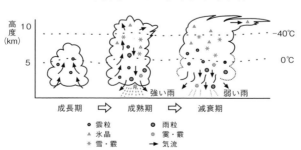

なお、最盛期の降水セルによってガストフロントが形成されると、衝突によって、周りの空気に**上昇気流**が形成される場合があります。このとき、下層の空気が十分に湿っていると、上昇流が**凝結高度**に達し、新たに雲が形成されます（**図表7-10**）。この雲が**自由対流高度**に達するまで成長を続けると、新たに降水セルが誕生し、元の雲からの湿った空気を取り込み、成長を続けます。このような状態を、降水セルの**世代交代**または**自己増殖**といいます。降水セルの世代交代は、複数の降水セルから発生したガストフロントどうしが衝突して生じる場合もあります。

図表7-10｜冷気ドームとガストフロント

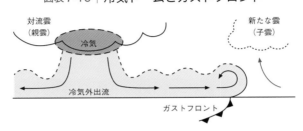

　積雲や積乱雲から爆発的に吹き降ろす気流、および、この気流が地表に衝突して吹き出す破壊的な気流を、**ダウンバースト**といいます。

▌学習のポイント

- **降水セルの下降気流の発生**：降水粒子が落下する際に摩擦によって周囲の空気を引きずり下ろすことと、降水粒子が融解・蒸発する際に潜熱を奪うことによる。
- 成熟期に達すると、降水セルの直下は高気圧になる。
- 一般に、ガストフロント通過後は、気圧・相対湿度が上昇し、気温は下がる。

▌理解度チェック

〈演習問題〉

降水セルのライフサイクルについて述べた次の文（a）～（d）が指す語

句の組み合わせとして正しいものを、下記の①〜⑤の中から１つ選べ。

（a）降水粒子の落下で空気を引きずり下ろすため、下降流が発達する。

（b）降水セルの内部が上昇流のみである。

（c）降水セルの下部が下降流のみになり、それ以上成長できずに雲が消散し始める。

（d）冷気ドームを形成する。

① （a）発達期（成長期）　（b）最盛期（成熟期）　（c）発達期（成長期）
　　（d）最盛期（成熟期）

② （a）最盛期（成熟期）　（b）発達期（成長期）　（c）消滅期（減衰期）
　　（d）最盛期（成熟期）

③ （a）最盛期（成熟期）　（b）発達期（成長期）　（c）最盛期（成熟期）
　　（d）消滅期（減衰期）

④ （a）発達期（成長期）　（b）最盛期（成熟期）　（c）最盛期（成熟期）
　　（d）消滅期（減衰期）

⑤ （a）最盛期（成熟期）　（b）発達期（成長期）　（c）発達期（成長期）
　　（d）最盛期（成熟期）

解説と解答

（a）降水粒子の落下で空気を引きずり下ろすため、下降流が発達するのは、最盛期（成熟期）である。

（b）降水セルの内部が上昇流のみで、降水粒子は落ちてこないのは、発達期（成長期）である。

（c）降水セルの下部が下降流のみになり、それ以上成長できずに雲が消散し始めるのは、消滅期（減衰期）である。

（d）降水の蒸発や融解によって、熱を奪われた空気（冷気）が溜まる。この冷気の塊を冷気ドームまたは冷気プールといい、形成するのは、最盛期（成熟期）である。

解答：②　（a）最盛期（成熟期）　（b）発達期（成長期）
　　　　　　（c）消滅期（減衰期）　（d）最盛期（成熟期）

6 ベナール型対流

　熱輸送には、**放射・伝導・対流**の3形態があり、大気が熱輸送をする最も効率的な手段は、**対流**です。

　地表面と大気の層の上面がある温度差になると、小さな対流セル（降水セル）が規則正しく並び、この対流を**ベナール型対流（ベナール・レイリー型対流）**といいます。冬季、日本海で寒気が強まると、**筋状の雲**が見られることが、ベナール型対流の例です。大気の上面と下面の温度差がさらに大きくなった場合は、不規則な流れ、つまり、非線形なベナール型対流と呼ばれる**乱流・乱渦**などが生じます。

　大気の上部と下部の温度差が限界値を超えると、対流が発生します。大気の上面と下面が一様な温度分布をしている場合、ベナール型対流が発生します。筋状雲は、ベナール型対流の1つですが、実際には、風によって対流雲が下流に流されて筋状に並ぶため、ロール状対流（筋状の対流雲）と呼ばれています。

図表7-11 ｜ ベナール型対流とロール状対流

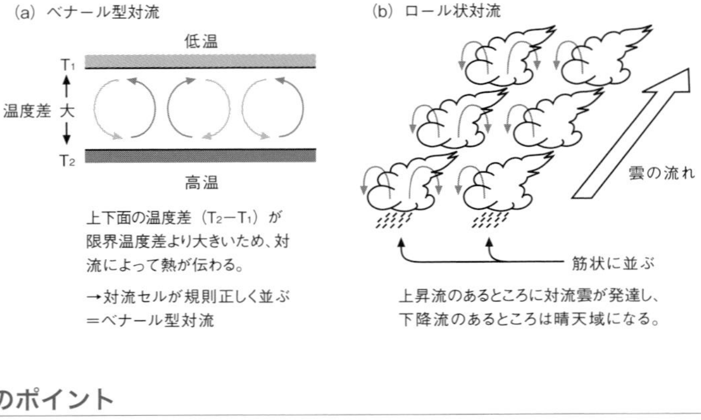

(a) ベナール型対流

低温

T_1

温度差　大

T_2

高温

上下面の温度差（$T_2 - T_1$）が限界温度差より大きいため、対流によって熱が伝わる。

→対流セルが規則正しく並ぶ
＝ベナール型対流

(b) ロール状対流

雲の流れ

筋状に並ぶ

上昇流のあるところに対流雲が発達し、下降流のあるところは晴天域になる。

▍学習のポイント

● **ベナール型対流による雲パターン**：オープンセル（雲のない領域を取り囲んだドーナツ状やU字状の雲）、クローズドセル（多角形や塊状の雲が周辺部の晴天域で囲まれたセル状の雲）、ロール状対流が有名である。

理解度チェック

演習問題

流体の熱の伝わり方について述べた次の文章の空欄 (a) ～ (c) に入る語句の組み合わせとして適切なものを、下記の①～⑤の中から1つ選べ。

流体の層を下面から一様に加熱する場合を考えると、上面と下面の温度差が小さいときは (a) によって熱が伝わるが、温度差がある値を超えると、加熱された流体が直接上昇して熱を伝達するようになり、細胞状に上昇流と下降流が配列されるようになる。このように、細胞状に配列した対流を (b) という。なお、温度差がさらに大きくなった場合は、不規則な流れである (c) が生じる。

① (a) 対流　(b) ベルーナ型対流　(c) 乱渦
② (a) 対流　(b) ベルーナ型対流　(c) 温度風
③ (a) 対流　(b) ベナール型対流　(c) 乱渦
④ (a) 伝導　(b) ベナール型対流　(c) 温度風
⑤ (a) 伝導　(b) ベナール型対流　(c) 乱渦

解説と解答

上面と下面の温度差が小さいときは、伝導によって下面から上面へ熱が伝わり、上面と下面の温度差がある値を超えると、加熱された流体が直接上昇して熱を伝達するようになり、細胞状（セル状）に上昇流と下降流が配列されるようになる。細胞状に配列した対流を、ベナール型対流またはベナール・レイリー型対流という。ベナール型対流はメソスケールの現象である。

上面と下面の温度差がさらに大きくなった場合は、非線形なベナール型対流と呼ばれる乱流・乱渦などの不規則な流れが生じる。

解答：⑤ (a) 伝導　(b) ベナール型対流　(c) 乱渦

7 メソスケール対流系

発達段階の異なる複数個の降水セルが雑然と集合したものを、**気団性雷雨**といいます（**図表7-12**）。夏季に日本で発生する**雷雨**をもたらす積乱雲群

第1編 学科一般試験対策 第2編 第3編

は、この構造をしているものが多く、単一の気団内で風向の鉛直シアが**小さい**（下層から上層まで風向が大きく変わらない）場合に発生しやすいです。

図表7-12 | 気団性雷雨

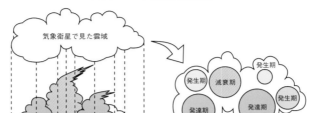

　気団性雷雨は、衛星画像などで、一塊の大きな雲のように見えます。内部に複数の降水セルがあるため、雲域全体としてのライフサイクル（寿命）は、単体の降水セルよりも長いです。

　複数の降水セルによって構成され、降水セルの発生・発達が組織化しているものを、組織化された**マルチセル型雷雨**といいます（**図表7-13**）。ある対流セルに注目したとき、進行後方には消滅期のセルが存在しても、対流セルの進行方向に新たなセルが形成されていれば、消滅期のセルが消滅しても新たなセルが成熟し、さらに進行方向に、新たなセルが発生し始めます。つまり、進行方向で次々と世代交代を行いながら、対流セルの集合を維持しています。この対流系は、風の**鉛直シアが大きい**環境下で発生することが多いです。

図表7-13 | マルチセル型雷雨

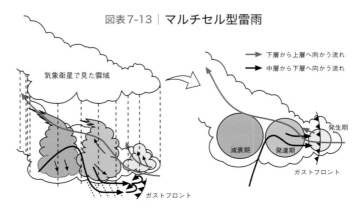

マルチセル型雷雨は、風上側から減衰期、発達期、発生期の降水セルの順に並び、一塊の雲を構成しています。**図表7-13**の場合、降水セルは、左から右に進行します。風上側で降水セルが衰弱・消散していきますが、風下側にはガストフロントが形成されます。

1つの対流セルが10〜40km程度の水平規模に発達し、数時間にわたって構造維持するものを、**スーパーセル型ストーム**といいます。大気の下層が**湿潤**であり、中層が**乾燥**で非常に不安定であり、かつ、**風向の鉛直シアが大きい**場合に発生することがあります。

スーパーセル型ストームは、**回転**しながら構造を維持する特徴があります（**図表7-14**）。降水セルの進行方向と交わるように、下層の暖かく湿った空気が流入し、一気に上昇します。この非常に強い上昇流の領域では降水エコーが弱いため、フックエコーと呼ばれるかぎ状をした特徴的な降水エコーが現れます。中層の気流は、上昇流の前面に回り込み、上層の雨粒の蒸発によって発生する**下降気流**とともに下降して、降雨・降雹をもたらします。また、冷気の吹き降ろしによって、**ガストフロント**を形成します。一般の降水セルとは異なり、上昇流の軸が大きく傾いているため、下降気流が上昇気流域から離れて形成されることで、長時間の構造維持が可能になっていると考えられています。

図表7-14｜**スーパーセル型ストーム**

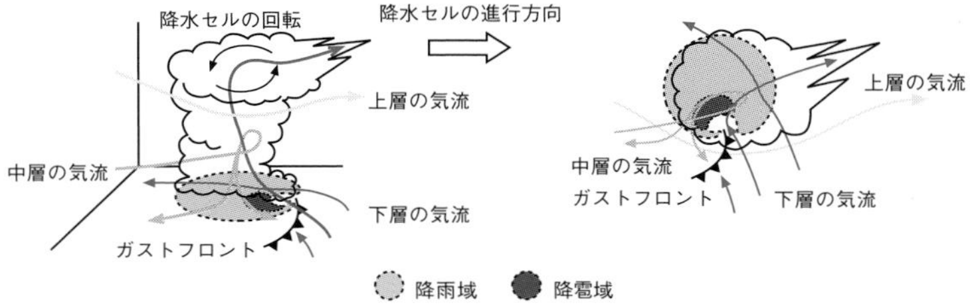

スーパーセル型ストームは、**竜巻**の発生原因になることで注目されていますが、この降水セルにかかわらず、ガストフロント付近の上昇流に伴って竜巻が発生する場合もあります。

降水セルが線状または帯状に並んだものを、**降水バンド**といいます。マルチセル型雷雨のように、降水セルが規則的に配列しているものを指す場合が多いです。降水バンドのうち移動速度が速いものを、**スコールライン**といいます。進行方向の前面で降水セルが発生しては後方に流され、見かけ上、線状の構造が維持されます。降水セルの進行方向の横から下層に暖かく湿った空気が流入すると、見かけ上、下層の風上側にも線状構造が進行する場合があります。

図表7-15 | 降水バンド

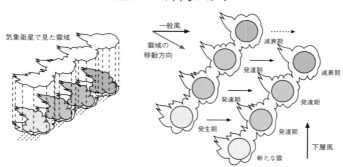

　図表7-15のように、一般風（降水バンドの移動方向）と下層風にシアがある場合、下層風の風上側で降水セルが発生し、下層風の風下側で降水セルが消滅します。この結果、降水バンド全体が斜め方向に移動していきます。

学習のポイント

- 気団性雷雨に比べて巨大雷雨は空間スケールが大きく、寿命が長い。
- マルチセル型雷雨の進行方向は、下層で受ける風と中層の一般風の風向によって決まる。

理解度チェック

（演習問題）

　ある雷雨の特徴について述べた次の文（a）～（d）の下線部の正誤の組

み合わせとして正しいものを、下記の①〜⑤の中から1つ選べ。

(a) 水平規模10〜40kmの単一の降水セルで巨大な雷雨が構成されているものをマルチセル型雷雨という。雷雨全体が回転運動をしながら移動するという特徴があり、上昇流域と下降流域が分離されていることによって一般の降水セルに比べてライフサイクルが長くなる。大気の状態が非常に不安定な場で、一般風の鉛直シアが大きい場合に発達する。

(b) まれに特徴的な降水エコーのヴォルトが観測される。これは、フックエコーと呼ばれる非常に強い上昇流域を取り巻くように下降する中層の気流が、落下中の雨粒を引きずり下ろす様子を捕らえたものである。かぎ状のエコーは、ストームの回転運動に伴って現れたものであるともいえる。

(c) 細かく見ると、このかぎ状のエコーの付近は、三重の構造になっている。まず、水平規10km程度のメソサイクロンと呼ばれる小低気圧があり、その中に水平規模1km程度の渦流（トルネードサイクロンスケールの渦）がある。

(d) さらにその中には、水平規模0.1〜1kmの規模の渦流である竜巻（トルネード）がある。スーパーセル型雷雨が注目されるのは、この竜巻の発生に関係しているためである。

① 正　　正　　正　　誤
② 正　　正　　誤　　正
③ 誤　　誤　　正　　正
④ 誤　　正　　誤　　正
⑤ 誤　　誤　　誤　　誤

解説と解答

(a) 水平規模10〜40kmの単一の降水セルで巨大な雷雨が構成されているものを、スーパーセル型雷雨という。

(b) まれに、特徴的な降水エコーのフックエコーが観測される。これは、ヴォルトと呼ばれる非常に強い上昇流域（下層の空気が急速に上昇している部分）を取り巻くように下降する中層の気流が、落下中の雨粒を引きずり下ろす様子を捕らえたものである。

（c）かぎ状のエコーの付近は、三重の構造になっている。

（b）トルネードサイクロンスケールの渦の中には、水平規0.1〜1kmの規模の渦流である竜巻（トルネード）がある。

解答：③　(a) 誤　(b) 誤　(c) 正　(d) 正

8　台風

　台風は、**メソαスケール**の現象です。熱帯または亜熱帯の**海上**で発生した**熱帯低気圧**のうち、北半球の東経100〜180°にあって、**最大風速が17.2m/s以上**のものをいいます。台風は、海水温が27℃以上の海域で発生することが多く、赤道からの緯度が5°以内では、**コリオリ力**がほとんど働かないためあまり発生しません。

　温帯低気圧との大きな違いは、**前線**を伴わないこと、等圧線が**同心円状**であること、降水域や雲・風速の分布が中心に対して**軸対称**になっていることです。

　台風内の気温分布を見ると、台風の中心付近は周りの空気より温度がかなり**高く**なっています。静力学平衡により、中心付近の気圧が**低く**なっていることがわかります。また、中心気圧と周りの気圧の差は、高度が低いほど**大きく**なっています。

　等圧線の接線方向（反時計回り）の風速は、台風の中心から30〜100km付近と**境界層**の上の高度約2km付近で**最大**になります。対流圏上層では、**時計回り**に回転します。動径方向（中心から外に向かう方向）の風速は、地表面の**摩擦**の影響により、**境界層内**で最大になります。自由大気内では、中心に向う成分がありますが、接線速度より小さいです。対流圏上層では、**外向き**の気流になります。

図表7-16 | 台風の雲

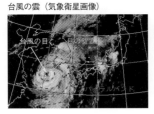

台風の雲（気象衛星画像）

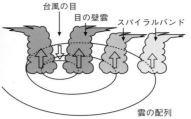

台風の目　目の壁雲　スパイラルバンド

雲の配列

　発達した台風では、台風の中心付近に雲のない領域（台風の目）が見られます。台風の目の外側には、目の壁雲（アイウォール）という発達した雲の領域があり、目の壁雲を取り巻くように、**スパイラルバンド**が広がります。台風に向かって流れ込む暖かく湿った空気の影響で、台風から遠く離れた地域でも大雨になることがあります。なお、目の壁雲やスパイラルバンドには強い上昇流があり、台風の目には弱い下降気流があります。

　台風のエネルギー源は、暖かい海上からの**水蒸気**です。水蒸気が上昇し、**凝結**して対流雲が発生すると、潜熱が**放出**されるため、対流雲内部の温度が**上昇**します。単一の対流雲では効果が低いですが、組織だった対流雲群の場合は、この温度上昇によって上昇流（渦流）がさらに**加速**します。このように、対流雲との相互作用によって、規模の大きい擾乱が発達するような大気の不安定な状態を、**第二種条件付不安定**といいます。

　第二種条件付不安定は、熱帯低気圧（台風）の発達に重要な役割を果たしています。大気の状態が条件付不安定のとき、次の①〜⑥のサイクルが繰り返されます。

①渦運動が起きると、傾度風平衡の状態（気圧傾度力とコリオリ力と遠心力が釣り合った状態）に摩擦力が加わることで、下層では中心へと向かう流れが生じる。
②気圧の低いところで下層収束が生じ、上昇流が発生する。
③対流雲が発生する。
④対流雲内での水蒸気の凝結により、潜熱が放出される（非断熱加熱）。
⑤気温が上昇するため、密度が下がり、気圧が下がる。
⑥傾度風平衡を保つように、風速が増し、渦運動が強まる。

第1編　学科一般試験対策　第2編　第3編

水蒸気の供給が十分なとき、つまり、海面水温が高いときは、上記①〜⑥のサイクルが繰り返されるため、熱帯低気圧が発達を続けられるようになります。

▌学習のポイント

- 台風の主な発生場所は熱帯収束帯付近。ただし、赤道付近ではほとんど発生しない。海面水温が約26〜27℃以上。
- 潜熱の放出が盛んなため、中心付近が周囲より暖かい。ただし、台風の目の中は、下降流による断熱昇温のため暖かい。
- 下層ほど明瞭、上層ほど不明瞭な低気圧で、対流圏界面付近では高気圧になっている。このため、台風の風は下層ほど強く、境界層内は摩擦の影響で風が弱められ、境界層の上端付近で最も強くなる。
- 発達のエネルギー源は潜熱（水蒸気）であり、上陸・海面水温の低下などで潜熱（水蒸気）の供給が減少すると衰弱する。
- 風は中心から30〜100km離れたところで最大になる。低気圧性の傾度風は、遠心力が大きくなるほど弱くなるため、30〜100kmより中心に近づくと弱まる。
- 台風固有の風速に台風の移動速度が加わるため、風は進路の右側のほうが左側より強い。
- 台風の移動は、太平洋高気圧の縁辺流や偏西風など、台風よりも大きなスケールの風に流される。
- 台風の進路が西寄りから東寄りに変わるところを、転向点という。

▌理解度チェック

【演習問題】

　台風のライフサイクルの特徴について述べた次の文（a）〜（d）の正誤の組み合わせとして正しいものを、下記の①〜⑤の中から1つ選べ。

（a）発達期は、熱帯の洋上で上昇気流によって積乱雲が多数発生する。それらがまとまって渦を形成し、中心付近の気圧が低下する。渦がさらに発達して熱帯低気圧になり、最大風速が17.2m/sを超えると台風になる。

(b) 最盛期は、海面から供給される水蒸気をエネルギー源として発達する。中心気圧は下がり続け、中心付近の風速が急激に大きくなる。台風の目が形成され始める。

(c) 衰弱期は、中心気圧が最も低くなり、最大風速が最も大きくなっている段階である。また、強風域や暴風域の範囲が大きくなる。多くの場合、台風の目が明瞭になる。

(d) 発生期は、海水温の低い海域や陸上に進むなどして水蒸気の供給が少なくなり、発達が止まった段階である。中心気圧が上昇し、風速が落ちて熱帯低気圧に変わる。寒気が流入するようになると、温帯低気圧に変化する。

①	正	正	正	誤
②	正	正	誤	正
③	誤	誤	正	正
④	誤	正	誤	正
⑤	誤	誤	誤	誤

解説と解答

(a) 熱帯の洋上で上昇気流によって積乱雲が多数発生し、それらがまとまって渦を形成し、中心付近の気圧が低下するのは、発生期である。渦がさらに発達して熱帯低気圧になり、最大風速が17.2m/sを超えると台風になる。

(b) 海面から供給される水蒸気をエネルギー源として、第二種条件付不安定な状態で発達するのは、発達期である。中心気圧は下がり続け、中心付近の風速が急激に大きくなる。台風の目が形成され始める。

(c) 中心気圧が最も低くなり、最大風速が最も大きくなっている段階は、最盛期である。強風域や暴風域の範囲が大きくなり、多くの場合、台風の目が明瞭になる。

(d) 海水温の低い海域や陸上に進むなどして水蒸気の供給が少なくなり、発達が止まった段階は、衰弱期である。中心気圧が上昇し、風速が落ちて熱帯低気圧に変わる。寒気が流入するようになると、温帯低気圧に変化する。

解答：⑤ (a) 誤 (b) 誤 (c) 誤 (d) 誤

対流圏から熱圏下部までの気温の緯度高度分布には、次のような特徴があります。

- 地表面から高度約10kmまでの対流圏内：大まかに、低緯度で高温であり、高緯度に向かって気温が下がっている。
- 高度約10〜20km：赤道の対流圏界面高度が周囲より高いことが原因で、**赤道上で気温が最低**になる。
- 高度約20〜60km：**夏極で日照時間が最も長く**なるため、オゾンの紫外線吸収に伴う加熱量が最大になる。このため、気温は**夏極で最高・冬極で最低**になる。
- 高度約70〜110km：オゾンの紫外線吸収による加熱が弱く、夏極では上昇流による**断熱冷却の効果**が目立ち、冬極では下降流による**断熱昇温の効果**が目立つようになる。このため、気温は**冬極で最高・夏極で最低**になる。

図表7-16は、高度約10〜110kmの気温分布のイメージ図です。

図表7-17 | 気温分布のイメージ図

①成層圏下部
（高度約10〜20km）

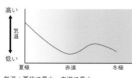

気温：夏極で最大・赤道で最小

②成層圏中層〜中間圏中層
（高度約20〜60km）

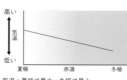

気温：夏極で最大・冬極で最小

③中間圏中層より上空
（高度約70〜110km）

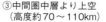
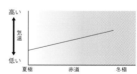

気温：夏極で最小・冬極で最大

また、**中層大気**には、次のような特徴があります。

- 高度約90kmまで：**夏半球で東風・冬半球で西風**となっている。
- 高度約90〜120km：**夏半球で西風・冬半球で東風**となる。

これは、先述した高度約20km以上の温度分布の変化に密接に関連しています。

図表7-18 | 中層大気（高度約20km～120km）の卓越風向の分布図

学習のポイント

● 高度約10～20kmでは赤道で気温が最低であり、高度約70～110kmでは夏極で気温が最低である。

● 中層大気の風を温度分布から温度風の関係などと関連づけて考えられれば、試験でミスをしにくい。

理解度チェック

(演習問題)

成層圏下部（高度約11～20km）、成層圏中部～中間圏中部（高度約20～60km）、中間圏上部～熱圏下部（高度約60～120km）の気温の特徴について述べた次の文 (a) ～ (c) が説明する語句の組み合わせとして正しいものを、下記の①～⑤の中から1つ選べ。

(a) 夏極の気温が低く、冬極の気温が高い。夏極では上昇気流による断熱冷却によって気温が低くなり、冬極では下降気流による断熱昇温によって気温が高くなっている。

(b) 低緯度と冬極で気温が低く、なかでも赤道付近の気温が最も低くなっている。低緯度ほど圏界面高度が高いため、高度20km付近でも気温が下がっている。冬極は日照がほとんどないため、気温が上がらない。

(c) 夏極の気温が高く、冬極の気温が低くなっている。オゾンなどが太陽放射をよく吸収するため、日照の多い夏極の気温が高くなってる。

① (a) 中間圏上部～熱圏下部　(b) 成層圏下部
　(c) 成層圏中部～中間圏中部

② (a) 成層圏下部　(b) 中間圏上部～熱圏下部

(c) 成層圏中部～中間圏中部
③ (a) 成層圏中部～中間圏中部　(b) 成層圏下部
　　　(c) 中間圏上部～熱圏下部
④ (a) 中間圏上部～熱圏下部　(b) 成層圏中部～中間圏中部
　　　(c) 成層圏下部
⑤ (a) 成層圏中部～中間圏中部　(b) 中間圏上部～熱圏下部
　　　(c) 成層圏下部

解説と解答

(a) 夏極の気温が低く、冬極の気温が高い。夏極では上昇気流による断熱冷
　　却によって気温が低くなり、冬極では下降気流による断熱昇温によって気
　　温が高くなっている。これは、中間圏上部～熱圏下部（高度約60～
　　120km）の特徴である。
(b) 低緯度と冬極で気温が低く、なかでも赤道付近の気温が最も低くなっ
　　ている。低緯度ほど圏界面高度が高いため、高度20km付近でも気温が下
　　がっている。冬極は日照がほとんどないため、気温が上がらない。これ
　　は、成層圏下部（高度約11～20km）の特徴である。
(c) 夏極の気温が高く、冬極の気温が低くなっている。オゾンなどが太陽放
　　射をよく吸収するため、日照の多い夏極の気温が高くなってる。これは、
　　成層圏中部～中間圏中部（高度約20～60km）の特徴である。

解答：① (a) 中間圏上部～熱圏下部　(b) 成層圏下部
**　　　 (c) 成層圏中部～中間圏中部**

10　成層圏の突然昇温・準二年周期振動

　冬の北半球の**高緯度**で、成層圏の**気温が急激に上昇**することがあり、成層
圏の**突然昇温**といいます。突然昇温は、対流圏内の偏西風波動のうち、**超長
波（プラネタリー波）**が成層圏に伝播し、伝播した波動が下降するときに**断
熱昇温**を起こすことが原因で起きる現象です。このため、突然昇温は、**成層
圏上層**から始まり、しだいに弱まりながら**下層**に移動します。なお、夏の北

半球の成層圏では**東風が卓越**するため、超長波は成層圏に伝播できず、突然昇温は起きません。また、超長波があまり見られない南半球では、突然昇温はほとんど観測されません。

　赤道域の下部成層圏では、周期的に東風と西風が交代します。この交代は、**上層から始まり**、東風から次の東風になるまでの周期は、**平均して26か月**です。このため、準二年周期振動（QBO：Quasi-Biennial Oscillation）と呼ばれます。

▌学習のポイント

- **突然昇温**：対流圏内の偏西風波動のうち、超長波（プラネタリー波）が成層圏に伝播し、伝播した波動が下降するときに断熱昇温を起こすことが原因。成層圏上層から始まり、しだいに弱まりながら下層に移動する。
- **準二年周期振動**：赤道域の下部成層圏で、平均して26か月の周期的で東風と西風が交代する変動。突然昇温と混同しないように注意する。

▌理解度チェック

（演習問題）

　準二年周期振動と突然昇温について述べた次の文章の空欄（a）〜（d）に入る語句の組み合わせとして適切なものを、下記の①〜⑤の中から1つ選べ。

　赤道付近（緯度幅約15°）の下部成層圏は、約（a）か月の周期で西風と東風が入れ替わっていることが観測される。この東西風の入れ替わりを準二年周期振動といい、準二年周期振動は成層圏（b）に伝わったもので、変動の振幅は赤道上空約25km付近で最も大きくなっている。

　成層圏の突然昇温について、北半球の高緯度域では、冬季に成層圏の気温が数日間で数十℃上昇するという現象が発生する場合がある。これを成層圏の突然昇温という。対流圏の超長波（プラネタリー波）が成層圏上部まで伝わることで成層圏の西風が減速し、これに伴って極域に向かう（c）が発生する。この（c）が断熱昇温することによって、高緯度域の温度が上昇し、突然昇温という現象を引き起こすことになる。また、成層圏の突然昇温は、成層圏上部から始まり、（d）ながら下部に伝わっていく。

なお、夏季の成層圏は東風になるため、対流圏の超長波が成層圏に伝わることができなくなる。このため、夏に突然昇温が発生することはないと考えられている。

① (a) 16〜17　(b) 上部の風の変化が下層　(c) 上昇流　(d) 強まり
② (a) 26〜27　(b) 下部の風の変化が上層　(c) 下降流　(d) 強まり
③ (a) 16〜17　(b) 下部の風の変化が上層　(c) 上昇流　(d) 弱まり
④ (a) 26〜27　(b) 上部の風の変化が下層　(c) 下降流　(d) 弱まり
⑤ (a) 16〜17　(b) 上部の風の変化が下層　(c) 上昇流　(d) 弱まり

解説と解答

(a) 準二年周期振動（QBO：Quasi-Biennial Oscillation）について、赤道付近（緯度幅約15°）の下部成層圏は、約26〜27か月の周期で西風と東風が入れ替わっていることが観測されている。

(b) 準二年周期振動は、成層圏上部の風の変化が下層に伝わったものである。

(c) 成層圏の突然昇温は、対流圏の超長波（プラネタリー波）が成層圏上部まで伝わることで成層圏の西風が減速し、これに伴って極域に向かう下降流が発生することで起きる。

(d) 成層圏の突然昇温は、成層圏上部から始まり、弱まりながら下部に伝わっていく。

解答：④ (a) 26〜27　(b) 上部の風の変化が下層　(c) 下降流
**　　　 (d) 弱まり**

1 法規練習問題

1 気象業務法の目的

問題

　気象業務法の目的を規定した次の文章の空欄（a）〜（c）に入る語句の組み合わせとして正しいものを、下記の①〜⑤の中から1つ選べ。

　この法律は、気象業務に関する基本的制度を定めることによって、気象業務の健全な発達を図り、もって災害の予防、（a）の確保、産業の興隆等（b）に寄与するとともに、気象業務に関する（c）を行うことを目的とする。

	（a）	（b）	（c）
①	国民の身体と財産	公共の福祉の増進	国際的協力
②	交通の安全	国民経済の発展	国際的協力
③	公共機関の安全	公共の福祉の増進	技術開発
④	国民の身体と財産	国民経済の発展	技術開発
⑤	交通の安全	公共の福祉の増進	国際的協力

2 気象予報士

問題1

　気象予報士に関する次の文（a）〜（c）の正誤の組み合わせとして正しいものを、下記の①〜⑤の中から1つ選べ。

（a）気象庁長官の行う気象予報士試験（気象庁長官が指定する者が実施する試験を含む）に合格した者は、気象予報士となる資格を有する。

（b）気象予報士となる資格を有する者が気象予報士となるには、気象庁長官に登録申請書を提出し、気象庁長官による気象予報士名簿への登録を受けなければならない。

（c）予報業務の許可を受けた者が気象庁発表の警報事項を当該予報業務の利

用者に伝達する場合、雇用している気象予報士による解説は必要ではない。

	(a)	(b)	(c)
①	正	正	正
②	正	正	誤
③	正	誤	誤
④	誤	誤	正
⑤	誤	誤	誤

問題2

気象予報士の登録が抹消される事由に当てはまるものとして述べた次の文(a)〜(d)の正誤の組み合わせとして正しいものを、下記の①〜⑤のから1つ選べ。

(a) 気象予報士が気象業務法の規定により罰金以上の刑に処せられたとき

(b) 気象予報士が破産宣告を受けたとき

(c) 登録の抹消の処分を受けてから2年を経過していないことを隠して登録を受けたことが判明したとき

(d) 予報業務の許可を受けていない民間の気象予報会社で、許可を受けていないことを知らずに予報業務に従事していたとき

	(a)	(b)	(c)	(d)
①	正	正	誤	誤
②	正	誤	誤	正
③	誤	正	誤	正
④	正	誤	正	誤
⑤	誤	誤	正	誤

問題3

気象予報士の気象庁長官による登録(以下「登録」という)の抹消及び気象予報士試験の受験資格の喪失について述べた次の文(a)〜(c)の正誤の組み合わせについて、下記の①〜⑤の中から正しいものを1つ選べ。

(a) 気象業務法の規定により過料以上の刑に処せられた気象予報士は、登録を抹消される。

(b) 気象業務法に基づき予報業務の許可を受けている者が気象業務法の規定により予報業務の許可を取り消された場合でも、その者に雇用されて予報に従事していた気象予報士はその登録を抹消されない。

(c) 不正な手段により気象予報士試験に合格したことが判明し、気象業務法による処分により合格を取り消された者は、以後、試験の受験資格を5年間喪失する。

	(a)	(b)	(c)
①	正	正	正
②	正	正	誤
③	誤	正	正
④	誤	誤	正
⑤	誤	正	誤

問題4

気象予報士に関して述べた次の文 (a) ～ (d) の正誤について正しいものを、下記の①～⑤の中から1つ選べ。

(a) 気象予報士が道路交通法の規定により、罰金以上の刑に処せられたときは、その気象予報士の登録は抹消される。

(b) 気象予報士となるには気象予報士試験に合格した後、国土交通大臣の認定を受けなければならない。

(c) 気象予報士試験に合格した日から5年を経過した者は、予報士の登録の申請をすることはできない。

(d) 気象庁長官から予報業務の許可を受けた事業者が、気象業務法違反により業務の許可の取消しを受けた場合、当該事業者に雇用されている気象予報士は、その登録を抹消される。

① (a) のみ正しい

② (b) のみ正しい

③ (c) のみ正しい

④ （d）のみ正しい

⑤ すべて誤り

問題5

気象予報士の資格および気象の予報業務の許可について述べた次の文（a）
〜（d）の正誤の組み合わせとして正しいものを、下記の①〜⑤の中から1
つ選べ。

（a）気象庁が発表した天気予報に、独自の局地予報を付加してインターネッ
　　トで公表する場合には、予報業務の許可を受けなければならない。

（b）市町村が地元住民のために天気予報を毎日行う場合には、予報業務の
　　許可を受ける必要はない。

（c）テレビの天気予報の中で、予報業務許可を受けた事業者が発表した天気
　　予報を解説する者は、気象予報士の資格を有していなければならない。

（d）町内の年に一度の子ども会で、明日の天気の予想をして見せて話をす
　　る者は、気象予報士の資格を有していなければならない。

	（a）	（b）	（c）	（d）
①	正	正	誤	誤
②	正	誤	正	誤
③	正	誤	誤	誤
④	誤	正	正	正
⑤	誤	正	誤	正

3 予報業務の許可

問題1

予報業務の許可の申請について述べた次の文（a）〜（d）の正誤につい
て、下記の①〜⑤の中から正しいものを1つ選べ。

（a）予報業務の許可を受けようとする者は、気象庁長官に提出する予報業務
　　許可申請書に、収集しようとする予報資料の内容及びその方法を記載した
　　予報業務計画書を添付しなければならない。

(b) 予報業務の許可を受けようとする者は、気象庁長官に提出する予報業務許可申請書に、事業所ごとに予報業務に従事する要員の配置の状況及び勤務の交替の概要を記載した書類を添付しなければならない。

(c) 予報業務の許可を受けようとする者は、気象庁長官に提出する予報業務許可申請書に、事業所ごとに置かれる気象予報士の氏名及び登録番号及び住所を記載した書類を添付しなければならない。

(d) 予報業務の許可を受けようとする者は、気象庁長官に提出する予報業務許可申請書に、気象庁の警報事項を受ける方法を記載した予報業務計画書を添付しなければならない。

① (a) のみ誤り
② (b) のみ誤り
③ (c) のみ誤り
④ (d) のみ誤り
⑤ すべて正しい

問題2

予報業務許可事業者について述べた次の文 (a) ～ (c) の正誤の組み合わせとして正しいものを、下記の①～⑤の中から1つ選べ。

(a) 気象予報士の資格を有する個人が、事業として自ら予報業務を行う場合は、気象庁長官の許可を必要とする。

(b) 予報業務の一部だけを休止したときは、その旨を気象庁長官に届け出る必要はない。

(c) 気象庁長官は、予報業務許可事業者が気象業務法に違反したときは、期間を定めて業務の停止を命じ、または許可を取り消すことができる。

	(a)	(b)	(c)
①	正	誤	正
②	正	正	誤
③	誤	正	正
④	正	誤	誤
⑤	正	正	正

予報業務の許可について述べた次の文章の空欄（a）～（d）に入る語句の組み合わせとして正しいものを、下記の①～⑤の中から1つ選べ。

気象庁以外の者が気象、地象、（a）、（b）、波浪又は洪水の予報の業務を行おうとする場合は、気象庁長官の（c）を受けなければならない。予報業務の（c）は、予報業務の目的及び（d）を定めて行う。

	(a)	(b)	(c)	(d)
①	水象	高潮	許可	範囲
②	水象	海流	許可	方法
③	津波	海流	認可	方法
④	津波	高潮	許可	範囲
⑤	津波	高潮	認可	範囲

気象業務法に基づき予報業務の許可を受けている民間の事業者が、自ら気象の観測を行う場合について述べた次の文（a）～（c）の正誤の組み合わせとして正しいものを、下記の①～⑤の中から1つ選べ。

（a）観測の成果を発表することを目的として観測を行う場合は、気象庁長官の許可を受けなければならない。

（b）観測の成果を発表することを目的として観測を行うために観測施設を設置した場合は、得られたデータを気象庁長官に定期的に報告しなければならない。

（c）予報業務に用いるために行う気圧の観測には、気象庁長官の登録を受けた者が行う検定に合格した気圧計を用いなければならない。

	(a)	(b)	(c)
①	誤	正	正
②	誤	誤	正
③	正	誤	誤
④	正	正	誤
⑤	誤	正	誤

問題5

気象業務法に基づき予報業務の許可を受けている者が、気象庁長官の変更認可を受けなければならない事由に当てはまるものとして挙げた次の文（a）～（d）の正誤の組み合わせとして正しいものを、下記の①～⑤の中から1つ選べ。

(a) 予報の対象区域の変更

(b) 予報業務を行う事業所の所在地の変更

(c) 予報事項・発表時刻の変更

(d) 予報業務のための観測施設の所在地の変更

	(a)	(b)	(c)	(d)
①	正	誤	誤	誤
②	正	正	誤	誤
③	正	正	正	誤
④	誤	誤	正	正
⑤	誤	誤	正	誤

問題6

気象業務法に基づき予報業務の許可を受けている者（以下「予報業務許可事業者」という）に罰則が適用される事例であるとして述べた次の文（a）～（d）の正誤について、下記の①～⑤の中から正しいものを1つ選べ。

(a) 予報業務許可事業者が予報業務に用いる雨量の観測に、登録検定機関が行う検定に合格していない雨量計を使用した。

(b) 予報業務許可事業者が、気象庁職員による事業所に立ち入っての気象記録についての質問に対し、虚偽の陳述を行った。

(c) 予報業務許可事業者が、予報業務のうち予報の解説業務を気象予報士以外の者に行わせた。

(d) 予報業務許可事業者が、気象庁の警報事項を予報業務の利用者に伝達することを怠った。

① （a）と（c）が誤り

② （a）と（d）が誤り

③（b）と（c）が誤り

④（b）と（d）が誤り

⑤（c）と（d）が誤り

問題7

気象の予報業務を行おうとする者が気象庁長官の許可を受ける際に、法令で定められた人数の気象予報士に加えて、要件として求められる項目として挙げた次の（a）〜（c）の正誤の組み合わせについて、下記の①〜⑤の中から正しいものを1つ選べ。

（a）当該予報業務の目的および範囲に係る気象庁の予報を迅速に受けることができる施設

（b）当該予報業務に必要な観測その他の予報資料の収集の施設

（c）当該予報業務の目的および範囲に係る気象庁の警報を迅速に利用者に伝達することができる施設

	（a）	（b）	（c）
①	正	誤	誤
②	正	誤	正
③	誤	正	誤
④	誤	正	正
⑤	正	正	正

問題8

予報業務の許可制度に関する次の文（a）〜（d）の正誤について正しいものを、下記の①〜⑤の中から1つ選べ。

（a）気象予報士の登録を受けた者は、予報業務を行うことができる。

（b）予報業務の許可は、予報業務の目的及び範囲を定めて行われる。

（c）予報業務の許可を受けた事業主は、許可書又はその写しを予報業務を行う事業所に掲示しなければならない。

（d）予報業務を廃止したときは、その日から十五日以内に、その旨を気象庁長官に届け出なければならない。

① （a）のみ正しい

② （b）のみ正しい

③ （c）のみ正しい

④ （d）のみ正しい

⑤ すべて誤り

問題9

気象業務法に基づく予報業務の許可（ただし、地震動又は火山現象の予報業務のみの許可を除く）について述べた次の文（a）～（c）の正誤の組み合わせとして正しいものを、下記の①～⑤の中から1つ選べ。

（a）航路上の波浪状況を予測し、契約した船舶に限定して提供を行う場合には、予報業務の許可を必要としない。

（b）予報業務の許可を受けた者から提供される局地予報を、携帯電話向けに配信する業務を行おうとする者は、予報業務の許可を必要としない。

（c）気象業務法に違反し、罰金以上の刑に処せられた者は、その執行を終わり、またはその執行を受けることがなくなった日から2年を経過しなければ、再び予報業務の許可を受けることはできない。

	(a)	(b)	(c)
①	正	誤	誤
②	正	正	誤
③	正	正	正
④	誤	正	正
⑤	誤	誤	正

問題10

気象の予報業務の許可を受けた者が、予報業務を行ったときに記録しておかなければならない事項、記録の作成者および記録の保存に関して述べた次の文（a）～（d）の正誤について、下記の①～⑤の中から正しいものを1つ選べ。

（a）記録の作成は、現象の予想を担当した気象予報士が行わなければならない。

(b) 予報内容を利用者に伝達した日時を記録しておかなければならない。

(c) 気象庁の注意報と警報事項（ただし、許可を受けた予報業務の目的及び範囲に係るものに限る）の利用者への伝達状況を記録しておかなければならない。

(d) 記録は5年間保存しておかなければならない。

    ① (a) のみ正しい

    ② (b) のみ正しい

    ③ (c) のみ正しい

    ④ (d) のみ正しい

    ⑤ すべて誤り

4 気象業務法の罰則

問題

気象業務法に規定する罰則が適用される事例であるとして述べた次の文 (a) 〜 (d) の正誤について、下記の①〜⑤の中から正しいものを1つ選べ。

(a) 地方公共団体が気象庁に届け出をして設置している防災用の警報の標識を、通行人が正当な理由なく移動させた。

(b) 気象庁以外の者が自ら行った（ただし、船舶又は航空機が行う場合は除く）気象の観測の成果を、気象庁長官の許可を得ずに船舶又は航空機において受信されることを目的とした無線通信による発表業務を行った。

(c) 気象予報士が死亡したときに、その相続人がその旨を気象庁長官に届け出ることを怠った。

(d) 気象予報士が気象予報士名簿に登録を受けた後に、氏名が変わったときに、その旨を気象庁長官に届け出ることを怠った。

    ① (a) と (c) が誤り

    ② (b) と (d) が誤り

    ③ (a) と (b) が誤り

    ④ (c) と (d) が誤り

    ⑤ (b) と (c) が誤り

5 気象業務

問題1

気象庁以外の者が行う**気象業務**について述べた次の文（a）～（c）の正誤の組み合わせとして正しいものを、下記の①～⑤の中から1つ選べ。

(a) 気象庁長官の許可を受けた者がその許可された予報業務の範囲を変更しようとするときは、気象庁長官の認可を受けなければならない。

(b) 気象の観測を技術上の基準に従ってしなければならない者が、その施設を設置した時は、国土交通省令の定めるところにより、その旨を国土交通大臣に届けなければならない。

(c) 気象庁長官の許可を受けた者がその許可された予報業務の全部を休止したときは、その日から十四日以内に、その旨を気象庁長官に届け出なければならない。

	(a)	(b)	(c)
①	正	誤	誤
②	正	誤	正
③	正	正	誤
④	誤	正	正
⑤	誤	誤	誤

問題2

気象庁以外の者が気象の観測を行う場合には、その目的によっては国土交通省令で定める技術上の基準（以下、「技術上の基準」という）に従って実施しなければならない。この技術上の基準に関する次の文（a）～（d）の正誤の組み合わせとして正しいものを、下記の①～⑤の中から1つ選べ。

(a) 技術上の基準に従って気象の観測をしなければならない者がその施設を廃止するときには、気象庁長官の許可を受けなければならない。

(b) 技術上の基準の1つとして、気象庁の観測と同じ時刻に観測を行うことが定められている。

(c) 技術上の基準に従って気象の観測をしなければならない者は、その観測

の成果を年に１回気象庁長官に報告しなければならない。

(d) 政府機関及び地方公共団体以外の者が、その成果を発表するために気温の観測を定常的に行う場合は、技術上の基準に従って実施しなければならない。

　　　(a)　　(b)　　(c)　　(d)
① 正　　　正　　　誤　　　誤
② 正　　　誤　　　誤　　　正
③ 正　　　誤　　　正　　　誤
④ 誤　　　正　　　正　　　誤
⑤ 誤　　　誤　　　誤　　　正

問題3

　気象業務法による罰則の適用の対象になる気象観測業務として述べた次の文（a）〜（d）の正誤について正しいものを、下記の①〜⑤の中から１つ選べ。

(a) 気象業務法に基づき予報業務の許可を受けている者（以下「予報業務許可事業者」という）が、船舶において受信されることを目的として、気象庁長官の許可を得ずに、無線通信により発表する業務を行った。

(b) スキー場内の観測所で観測した気温および風向・風速の観測値を、気象庁長官の許可を得ずにふもとの最寄り駅の案内板に表示してきた。

(c) 国立大学が学会に発表する論文に掲載するデータを得るために、登録検定機関の行う検定に合格していない気象測器を使用して観測した。

(d) 予報業務許可事業者が、予報に使用することを目的として、登録検定機関の行う検定に合格していない雲高測定器を使用して観測した。

　　① （a）のみ正しい
　　② （b）のみ正しい
　　③ （c）のみ正しい
　　④ （d）のみ正しい
　　⑤ すべて誤り

第3編

問題4

　気象庁から通知を受けた**警報事項の伝達**に関する次の文（a）〜（d）の正誤について正しいものを、下記の①〜⑤の中から1つ選べ。

（a）東日本電信電話株式会社及び西日本電信電話株式会社の機関は、直ちに関係市町村長に通知するように努めなければならない。

（b）海上保安庁の機関は、直ちに航海中及び入港中の船舶に周知させるように努めなければならない。

（c）国土交通省の機関は、直ちに運行中の鉄道車両に周知させるように努めなければならない。

（d）日本放送協会の機関は、直ちに放送をしなければならない。

　① （a）のみ誤り

　② （b）のみ誤り

　③ （c）のみ誤り

　④ （d）のみ誤り

　⑤ すべて正しい

問題5

　警報について述べた次の文（a）〜（d）の正誤について正しいものを、下記の①〜⑤の中から1つ選べ。

（a）地方公共団体は、高潮の警報をしてはならない。

（b）市町村長は、都道府県の機関から気象庁の警報事項の通知を受けたときは、災害対策基本法の規定に基づき、必要と認める地域の居住者、滞在者その他の者に対し、避難のための立退きを勧告しなければならない。

（c）気象庁が行う大雨等による山崩れ、地滑り等の地面現象に関する警報は、その警報事項を気象警報に含めて発表している。

（d）民間気象事業者などが予報業務の許可を受けるためには、当該予報業務の目的及び範囲に係る気象庁の警報事項を迅速に受けることができる施設、及び要員を有するものである必要がある。

　① （a）のみ誤り

　② （b）のみ誤り

③（c）のみ誤り

④（d）のみ誤り

⑤ すべて正しい

6 用語の定義

気象業務法・気象業務法施行令における用語の定義を示した次の文（a）〜（d）の正誤について正しいものを、下記の①〜⑤の中から1つ選べ。

（a）「警報」とは、災害の起こるおそれのある旨を警告して行う予報をいう。

（b）「海上警報」とは、国土交通省令で定める予報区を対象とする船舶の運航に必要な海上の気象、火山現象、津波、高潮及び波浪に関する警報をいう。

（c）「気象」とは、大気（電離層を含む）の諸現象をいう。

（d）「予報」とは、観測の結果に基づく現象の予想をいう。

① （a）のみ正しい

② （b）のみ正しい

③ （c）のみ正しい

④ （d）のみ正しい

⑤ すべて誤り

予報及び警報に関して述べた次の文（a）〜（c）の正誤の組み合わせとして正しいものを、下記の①〜⑤の中から1つ選べ。

（a）気象庁は、政令の定めるところにより、気象、地象（地震及び火山現象を除く）、津波、高潮、波浪及び洪水についての一般の利用に適合する予報及び警報をすることができる。

（b）気象庁は、政令の定めるところにより、津波、高潮、波浪及び洪水以外の水象についての一般の利用に適合する予報及び警報をすることができる。

(c) 気象庁は、予報及び警報をする場合は、自ら予報事項及び警報事項の周知の措置を執るほか、報道機関の協力を求めて、これを公衆に周知させるようにしなければならない。

	(a)	(b)	(c)
①	正	正	誤
②	正	誤	正
③	誤	正	誤
④	誤	誤	正
⑤	正	正	正

7 災害対策

問題1

災害対策における発見者の通報義務等について述べた次の文（a）～（d）の正誤の組み合わせとして正しいものを、下記の①～⑤の中から1つ選べ。

(a) 災害が発生するおそれがある異常な現象を発見した者は、その旨を市町村長又は警察官若しくは海上保安官に通報しなければならない。

(b) 災害が発生するおそれがある異常な現象を発見した者から通報を受けた警察官は、その旨を都道府県知事に通報しなければならない。

(c) 警察官から通報を受けた市町村長は、その旨を気象庁に通報しなければならない。

(d) 市町村長は、法令の規定により災害に関する警報の通知を受けたときは、当該警報又は通知に係る事項を住民等に伝達することができるとともに、住民等に対し、予想される災害の事態及びこれに対してとるべき措置について、必要な通知又は警告をすることができる。

	(a)	(b)	(c)	(d)
①	正	正	誤	誤
②	誤	誤	正	正
③	誤	正	正	誤
④	正	誤	正	誤

⑤ 正　　誤　　誤　　正

　災害対策基本法に基づく住民等の避難について述べた次の文章の空欄（a）
～（c）に入る語句の組み合わせとして正しいものを、下記の①～⑤の中か
ら1つ選べ。

　災害が発生し、又は発生するおそれがある場合において、人の生命又は身
体を災害から保護し、その他災害の拡大を防止するため特に必要があると認
めるときは、（a）は、必要と認める地域の必要と認める居住者等に対し、避
難のための立退きを（b）をすることができる。避難のための立退きを行う
ことによりかえって人の生命又は身体に危険が及ぶおそれがあり、かつ、事
態に照らし緊急を要すると認めるときは（c）を（b）することができる。

	（a）	（b）	（c）
①	市町村長	勧告	指示
②	市町村長	指示	命令
③	市町村長	指示	緊急安全確保措置
④	都道府県知事	指示	緊急安全確保措置
⑤	都道府県知事	勧告	指示

　災害対策基本法に基づく災害対策に関する国および都道府県の責務につい
て述べた次の文章の空欄（a）～（d）に入る語句の組み合わせとして正し
いものを、下記の①～⑤の中から1つ選べ。

　国は、国土並びに国民の（a）、（b）を災害から保護する使命を有するこ
とにかんがみ、組織及び機能のすべてをあげて防災に関し万全の措置を講ず
る責務を有する。国は、その責務を遂行するため、災害予防、災害応急対策
及び災害復旧の基本となるべき（c）を作成し、及び法令に基づきこれを実
施するとともに、地方公共団体、指定公共機関、指定地方公共機関等が処理
する防災に関する事務又は業務の実施の推進とその（d）を行ない、及び災
害に係る経費負担の適正化を図らなければならない。

　都道府県は、当該都道府県の地域並びに当該都道府県の住民の　(a)、(b) を災害から保護するため、関係機関及び他の地方公共団体の協力を得て、当該都道府県の地域に係る防災に関する　(c) を作成し、及び法令に基づきこれを実施するとともに、その区域内の市町村及び指定地方公共機関が処理する防災に関する事務又は業務の実施を助け、かつ、その　(d) を行なう責務を有する。

	(a)	(b)	(c)	(d)
①	健康	身体及び財産	目標	調整
②	生命	身体及び財産	計画	総合調整
③	生命	経済活動	計画	総合調整
④	健康	身体及び財産	計画	調整
⑤	生命	経済活動	目標	指導

問題4

　災害の防止・軽減のために出される情報や指示等について述べた次の文 (a) ～ (d) の正誤について、下記の①～⑤の中から正しいものを1つ選べ。

(a) 国土交通大臣は、2つ以上の都府県の区域にわたる河川その他の流域面積の大きい河川で洪水により国民経済上重大な損害を生ずるおそれがあるものとして指定した河川について、気象庁長官と共同して、洪水のおそれがあると認められるときは当該河川の状況を関係都道府県知事に通知することとされている。

(b) 日本放送協会の機関は、気象庁から気象・津波・高潮・波浪及び洪水の警報の事項を通知されたときには、通知された事項の放送に努めるものとされている。

(c) 都道府県知事は、法令の規定により、気象庁から災害に関する警報の通知を受けたときには、法令又は地域防災計画の定めるところより予想される災害の事態及びこれに対しとるべき措置について、市町村長の関係者に対して必要な通知又は要請をすることとされている。

(d) 市町村長は、災害が発生し、又は発生するおそれがある場合において、急を要すると認めるとき、地域の居住者、滞在者に対して避難のための立

退きを指示しなければならないとされている。

① （a）と（b）が正しい

② （c）と（d）が正しい

③ （a）と（c）が正しい

④ （b）と（d）が正しい

⑤ （a）と（d）が正しい

問題5

　火災気象通報について述べた次の文章の空欄（a）～（d）に入る適切な語句の組み合わせとして正しいものを、下記の①～⑤の中から1つ選べ。

　気象庁長官、管区気象台長、沖縄気象台長、地方気象台長又は測候所長は、気象の状況が火災の予防上危険であると認めるときは、その状況を直ちにその地を管轄する（a）に通報しなければならない。この通報を受けた（a）は、直ちにこれを（b）に通報しなければならない。（b）は（a）からの通報を受けたとき又は気象の状況が火災の予防上危険であると認めるときは、火災に関する（c）を発することができる。（c）が発せられたときは（c）が解除されるまでの間、その市町村の区域内に在る者は、市町村条例で定める（d）に従わなければならない。

	（a）	（b）	（c）	（d）
①	都道府県知事	市町村長	警報	山林等への立ち入りの制限
②	市町村長	都道府県知事	警報	火の使用の制限
③	都道府県知事	市町村長	注意報	火の使用の制限
④	市町村長	都道府県知事	注意報	山林等への立ち入りの制限
⑤	都道府県知事	市町村長	警報	火の使用の制限

問題6

　災害対策基本法の都道府県知事の通知等に関する次の文章の空欄（a）～（d）に入る語句の組み合わせとして正しいものを、下記の①～⑤の中から1つ選べ。

　都道府県知事は、法令の規定により、気象庁その他の国の機関から災害に

関する予報若しくは（a）の通知を受けたとき、又は自ら災害に関する警報をしたときは、法令又は（b）の定めるところにより、予想される災害の事態及びこれに対してとるべき措置について、関係指定地方行政機関の長、（c）、（d）その他の関係者に対して、必要な通知又は要請をするものとする。

	(a)	(b)	(c)	(d)
①	警報	地域防災計画	指定地方公共機関	警察
②	情報	防災業務計画	警察	市町村長
③	情報	防災業務計画	市町村長	警察
④	情報	地域防災計画	指定地方公共機関	住民
⑤	警報	地域防災計画	指定地方公共機関	市町村長

問題7

気象業務法、災害対策基本法、消防法、水防法に定められた下記の警報および避難のための指示を行う者（機関）の組み合わせとして正しいものを、下記の①〜⑤の中から1つ選べ。

	高潮警報	避難のための立退きの指示	火災に関する警報	水防警報
①	気象庁	市町村長	市町村長	都道府県知事
②	気象庁	都道府県知事	市町村長	都道府県知事
③	海上保安庁	市町村長	消防機関	気象庁
④	国土交通大臣	都道府県知事	市町村長	気象庁
⑤	国土交通大臣	市町村長	消防機関	市町村長

問題8

国の機関が行う洪水予報について述べた次の文の空欄（a）〜（d）を埋める語句の組み合わせとして正しいものを、下記の①〜⑤の中から1つ選べ。

（a）は、気象等の状況により洪水又は高潮のおそれがあると認められるときは、その状況を（b）及び（c）に通知するとともに、必要に応じ放送機関、新聞社、通信社その他の報道機関（以下「報道機関」という）の協力を求めて、これを一般に周知させなければならない。

(b) は、2つ以上の都府県の区域にわたる河川その他の流域面積が大きい河川で洪水により国民経済上重大な損害を生ずるおそれがあるものとして指定した河川について、(a) と共同して、洪水のおそれがあると認められるときは水位又は流量を、はん濫した後においては水位若しくは流量又ははん濫により浸水する区域及びその (d) を示して当該河川の状況を (c) に通知するとともに、必要に応じ報道機関の協力を求めて、これを一般に周知させなければならない。

	(a)	(b)	(c)	(d)
①	国土交通大臣	気象庁長官	関係都道府県知事	水深
②	気象庁長官	国土交通大臣	関係都道府県知事	水深
③	国土交通大臣	気象庁長官	関係市町村長	避難場所
④	気象庁長官	国土交通大臣	消防庁長官	水深
⑤	気象庁長官	国土交通大臣	消防庁長官	避難場所

2 法規練習問題の解説と解答

1 気象業務法の目的

問題　解説

　気象業務法第一条（目的）の条文に関する問題。目的を規定した第一条に関しては出題頻度が高いため、暗記できれば一番よいが、文脈から論理と常識によって正解を選べるようにしていきたい。

　この法律は、気象業務に関する基本的制度を定めることによって、気象業務の健全な発達を図り、もって災害の予防、(a) 交通の安全の確保、産業の興隆等 (b) 公共の福祉の増進に寄与するとともに、気象業務に関する (c) 国際的協力を行うことを目的とする。

解答：⑤　(a) 交通の安全　(b) 公共の福祉の増進　(c) 国際的協力

2 気象予報士

問題1　解説

(a) 気象庁長官の行う気象予報士試験（気象庁長官が指定する者が実施する試験を含む）に合格した者は、気象予報士となる資格を有する（気象業務法第二十四条の四「気象予報士となる資格」）。

(b) 気象予報士となる資格を有する者が気象予報士となるには、気象庁長官に登録申請書を提出し、気象庁長官による気象予報士名簿への登録を受けなければならない（気象業務法第二十四条の二十「登録」）。

(c) 気象業務法第二十条（警報事項の伝達）に、「許可を受けた者は、当該予報業務の目的及び範囲に係る気象庁の警報事項を当該予報業務の利用者に迅速に伝達するように努めなければならない」という規定があるが、雇用している気象予報士による解説をつけて伝達しなければならないという規定はない。

第1編 学科一般試験対策

第2編

第3編

解答：①　(a) 正　(b) 正　(c) 正

（a）気象予報士が気象業務法の規定により罰金以上の刑に処せられたとき
　　は、気象予報士の登録が抹消される事由に当てはまる（気象業務法第
　　二十四条の二十五「登録の抹消」第一項第二号、同法第二十四条の二十一
　　「欠格事由」第一号）。

（b）気象予報士が破産宣告を受けたときは、気象業務法第二十四条の二十五
　　（登録の抹消）の各号に該当しない。

（c）登録の抹消の処分を受けてから2年を経過していないことを隠して登録
　　を受けたことが判明したとき、気象予報士の登録が抹消される事由に当て
　　はまる（気象業務法第二十四条の二十五「登録の抹消」第一項第二号、同
　　条第二十四条の二十一「欠格事由」第二号）。

（d）予報業務の許可を受けていない民間の気象予報会社で、許可を受けて
　　いないことを知らずに予報業務に従事していたときは、気象業務法第
　　二十四条の二十五（登録の抹消）の各号に該当しない。

解答：④　(a) 正　(b) 誤　(c) 正　(d) 誤

参考：（登録の抹消）

第二十四条の二十五　気象庁長官は、気象予報士が次の各号の一に該当す
　る場合又は本人から第二十四条の二十の登録の抹消の申請があつた場合
　には、当該気象予報士に係る当該登録を抹消しなければならない。

一　死亡したとき。

二　第二十四条の二十一第一号に該当することとなつたとき。

三　偽りその他不正な手段により第二十四条の二十の登録を受けたこと
　　が判明したとき。

四　第二十四条の十八第一項の規定により試験の合格の決定を取り消さ
　　れたとき。

2　気象予報士が前項第一号又は第二号に該当することとなつたとき
　　は、その相続人又は当該気象予報士は、遅滞なく、その旨を気象庁長

官に届け出なければならない。

参考：（欠格事由）

第二十四条の二十一　次の各号の一に該当する者は、前条の登録を受けることができない。

一　この法律の規定により罰金以上の刑に処せられ、その執行を終わり、又はその執行を受けることがなくなつた日から二年を経過しない者

二　第二十四条の二十五第一項第三号の規定による登録の抹消の処分を受け、その処分の日から二年を経過しない者

問題3　解説

(a)　気象業務法の規定により登録を抹消されるのは、過料以上の刑に処せられた気象予報士ではなく、気象業務法による罰金以上の刑に処せられた気象予報士である（気象業務法第二十四条の二十五「登録の抹消」、同法第二十四条の二十一「欠格事由」第一号）。

(b)　気象業務法に基づき予報業務の許可を受けている者が気象業務法の規定により予報業務の許可を取り消された場合でも、その者に雇用されて予報に従事していた気象予報士は登録を抹消されない。事業者の予報業務の許可の取消しは、雇用されていた気象予報士の登録の抹消にまで及ぶものではない（気象業務法第二十一条「許可の取消し等」）。

(c)　気象業務法第二十四条の十八（合格の取消し等）第一項に、「気象庁長官は、不正な手段によって試験を受け、又は受けようとした者に対しては、試験の合格の決定を取り消し、又はその試験を停止することができる」との規定があり、同条第三項に、「気象庁長官は、前二項の規定による処分を受けた者に対し、情状により、二年以内の期間を定めて試験を受けることができないものとすることができる」との規定がある。受験資格を喪失するのは5年間ではなく、2年以内である。

解答：⑤　(a) 誤　(b) 正　(c) 誤

（a）気象予報士が気象業務法以外の規定により、罰金以上の刑に処せられて
　　も、その気象予報士の登録は抹消されない（気象業務法第二十四条の二十五
　　「登録の抹消」第一項第二号、同法第二十四条の二十一「欠格事由」第一号）。

（b）気象予報士となる資格を有する者が気象予報士となるには、気象庁長
　　官の登録を受けなければならない（気象業務法第二十四条の二十「登
　　録」）。

（c）予報士の登録の申請にあたって欠格事由がないことは必要だが、気象予
　　報士試験合格後、登録は期限なく受けられる。

（d）気象庁長官から予報業務の許可を受けた事業者が、気象業務法違反に
　　より業務の許可の取消しを受けた場合、当該事業者に雇用されている気象
　　予報士は、登録抹消の事由には当たらない（気象業務法第二十四条の
　　二十五「登録の抹消」第一項第二号、同法第二十四条の二十一「欠格事由」
　　第一号）。

解答：⑤　すべて誤り

（a）独自の局地予報を付加してインターネットで公表する場合には、予報業
　　務の許可を受けなければならない（気象業務法第十七条「予報業務の許
　　可」）。

（b）気象業務法第十七条（予報業務の許可）に、「気象庁以外の者が気象、
　　地象、津波、高潮、波浪又は洪水の予報の業務（以下『予報業務』という）
　　を行おうとする場合は、気象庁長官の許可を受けなければならない」との
　　規定がある。市町村が地元住民のために天気予報を毎日行う場合には、予
　　報業務の許可を受ける必要がある。

（c）気象業務法第十九条の二（気象予報士に行わせなければならない業務）
　　に、「第十七条の規定により許可を受けた者は、当該予報業務のうち現象
　　の予想については、気象予報士に行わせなければならない」との規定があ
　　る。気象予報士でなければ行えない業務は、現象の予想のみである。

（d）予報業務とは、予報を反復・継続して行うものである。町内の年に一

度の子ども会で、明日の天気の予想をして見せて話をするような一過性の
ものは、現象の予想の発表ではあるが、予報業務にはあたらないため、気
象予報士の資格は必要ない。

解答例：③　(a) 正　(b) 誤　(c) 誤　(d) 誤

3　予報業務の許可

問題1　解説

(a) 気象業務法施行規則第十条（予報業務の許可の申請）に、「法第十七条
　第一項の許可を受けようとする者は、次に掲げる事項を記載した予報業務
　許可申請書を、気象庁長官に提出しなければならない」という規定があ
　り、同条第二項第一号ハに「収集しようとする予報資料の内容及びその方
　法」が示されている。

(b) 気象業務法施行規則第十条（予報業務の許可の申請）第二項第三号に、
　「事業所ごとに予報業務に従事する要員の配置の状況及び勤務の交替の概
　要を記載した書類」が示されている。

(c) 気象業務法施行規則第十条（予報業務の許可の申請）第二項第二号に、
　「事業所ごとに置かれる気象予報士の氏名及び登録番号」が示されている
　が、住所を記載した書類は示されていない。

(d) 気象業務法施行規則第十条（予報業務の許可の申請）第二項第一号ホ
　に、「気象庁の警報事項を受ける方法」が示されている。

解答：③　(c) のみ誤り

問題2　解説

(a) 気象予報士の資格を有する個人が、事業として自ら予報業務を行う場合
　は、気象庁長官の許可を必要とする（気象業務法第十七条「予報業務の許
　可」第一項、同法第十九条の二「気象予報士に行わせなければならない業
　務」）。

(b) 気象業務法第二十二条（予報業務の休廃止）に「第十七条の規定によ
　り許可を受けた者が予報業務の全部又は一部を休止し、又は廃止したとき

は、その日から三十日以内に、その旨を気象庁長官に届け出なければならない」という規定があり、予報業務の一部だけを休止したときは、その旨を気象庁長官に届け出る必要がある。

(c) 気象庁長官は、予報業務許可事業者が気象業務法に違反したときは、期間を定めて業務の停止を命じ、または許可を取り消すことができる（気象業務法第二十一条「許可の取消し等」）。

解答：①　(a) 正　(b) 誤　(c) 正

問題3　解説

気象業務法第十七条（予報業務の許可）の条文に関する問題。出題頻度が最も高い。

予報業務とは、反復・継続して行うもので、営利・非営利を問わない。ただし、研究や講演会、家庭内など一過性の場合や、外部（世の中）に周知するものでない場合は予報業務に該当しない。また、気象に関連していても、季節商品の需要予測などは予報に該当しない。

気象庁以外の者が気象、地象、(a) 津波、(b) 高潮、波浪又は洪水の予報の業務を行おうとする場合は、気象庁長官の (c) 許可を受けなければならない。予報業務の (c) 許可は、予報業務の目的及び (d) 範囲を定めて行う。

解答：正解　④　(a) 津波　(b) 高潮　(c) 許可　(d) 範囲

問題4　解説

(a) 気象業務法第六条（気象庁以外の者の行う気象観測）第三項に、「前二項の規定により気象の観測を技術上の基準に従ってしなければならない者がその施設を設置したときは、国土交通省令の定めるところにより、その旨を気象庁長官に届け出なければならない。これを廃止したときも同様とする」との規定がある。観測施設を設置したときは気象庁長官に届け出なければならないが、観測を行うときに気象庁長官の許可を受けなければならないという規定はない。

(b) 気象業務法第六条（気象庁以外の者の行う気象観測）第四項に、「気象庁長官は、気象に関する観測網を確立するため必要があると認めるとき

は、前項前段の規定により届出をした者に対し、気象の観測の成果を報告することを求めることができる」との規定がある。気象庁長官が報告を求めることができるのであって、届出をした者が定期的に報告しなければならないのではない。

(c) 気象業法第九条（観測に使用する気象測器）第一項に「第十七条第一項の許可を受けた者が同項の予報業務のための観測に用いる気象測器であって、正確な観測の実施及び観測の方法の統一を確保するために一定の構造（材料の性質を含む）及び性能を有する必要があるものとして別表の上欄に掲げるものは、第三十二条の三及び第三十二条の四の規定により気象庁長官の登録を受けた者が行う検定に合格したものでなければ、使用してはならない。ただし、特殊の種類又は構造の気象測器で国土交通省令で定めるものは、この限りでない」との規定がある。気圧計は別表の上欄に掲げる気象測器の種類に該当し、気象庁長官の登録を受けた者が行う検定に合格したものでなければ、使用してはならない。

解答：②　(a) 誤　(b) 誤　(c) 正

問題5　解説

(a) 予報の対象区域の変更は、気象業務法に基づき予報業務の許可を受けている者が、気象庁長官の変更認可を受けなければならない（気象業務法第十九条「変更認可」第一項、同法第十七条「予報業務の許可」第一項）。

(b) 予報業務を行う事業所の所在地の変更は、気象庁長官への報告書の提出をしなければならない（気象業務法施行規則第五十条「報告」、同施行規則第十条「予報業務の許可の申請」）。

(c) 予報事項・発表時刻の変更は、気象庁長官への報告書の提出をしなければならない（気象業務法施行規則第五十条「報告」、同規則第十条「予報業務の許可の申請」）。

(d) 予報業務のための観測施設の所在地の変更は、気象庁長官への報告書の提出をしなければならない（気象業務法施行規則第五十条「報告」、同施行規則第十条「予報業務の許可の申請」）。

解答：①　(a) 正　(b) 誤　(c) 誤　(d) 誤

（a）予報業務許可事業者が予報業務に用いる雨量の観測に、登録検定機関が行う検定に合格していない雨量計を使用した場合、五十万円以下の罰金に処せられる（気象業務法第九条「観測に使用する気象測器」、同法第四十六条「罰則」第一号）。

（b）予報業務許可事業者が、気象庁職員による事業所に立ち入っての気象記録についての質問に対し、虚偽の陳述を行った場合、三十万円以下の罰金に処せられる（気象業務法第四十一条第四項「報告および検査」、同法第四十七条「罰則」第四号）。

（c）予報業務許可事業者が気象予報士に行わせなければならないのは、予報業務のうち現象の予想のみであり、予報の解説業務は気象予報士以外の者が行ってもよい。

（d）気象業務法第二十条（警報事項の伝達）に、「第十七条の規定により許可を受けた者は、当該予報業務の目的及び範囲に係る気象庁の警報事項を当該予報業務の利用者に迅速に伝達するように努めなければならない」との規定がある。努力義務であり、罰則は適用されない。

解答：⑤（c）と（d）が誤り

（a）気象業務法第十八条（許可の基準）第一項第二号に、「当該予報業務の目的及び範囲に係る気象庁の警報事項を迅速に受けることができる施設及び要員を有するものであること」との規定がある。要件として求められる項目は、警報事項であって、予報ではない。

（b）当該予報業務に必要な観測その他の予報資料の収集の施設は、要件として求められる（気象業務法第十八条「許可の基準」第一項第一号）。

（c）気象業務法第十八条（許可の基準）第一項第二号に、「当該予報業務の目的及び範囲に係る気象庁の警報事項を迅速に受けることができる施設及び要員を有するものであること」との規定がある。要件として求められる項目は、迅速に受けることができる施設であって、伝達することができる施設については規定がない。

解答：③　(a) 誤　(b) 正　(c) 誤

問題8　解説

(a) 予報業務を行うには、気象庁長官の許可を受けなければならない（気象業務法第十七条「予報業務の許可」第一項）。

(b) 予報業務の許可は、予報業務の目的及び範囲を定めて行われる（気象業務法第十七条「予報業務の許可」第二項）。

(c) 許可書又はその写しを予報業務を行う事業所に掲示しなければならないとの規定はない。

(d) 予報業務を廃止したときは、その日から三十日以内に、その旨を気象庁長官に届け出なければならない（気象業務法第二十二条「予報業務の休廃止」）。

解答：②　(b) のみ正しい

問題9　解説

(a) 気象業務法第十七条（予報業務の許可）に、「気象庁以外の者が気象、地象、津波、高潮、波浪又は洪水の予報の業務（以下『予報業務』という）を行おうとする場合は、気象庁長官の許可を受けなければならない」との規程がある。また、気象業務法第二条（定義）六項に、「この法律において『予報』とは、観測の成果に基く現象の予想の発表をいう」とあり、発表とは、行った予想を他に知らせることと理解される。予報の提供が契約した船舶に限定されていても発表にあたるため、予報業務の許可が必要である。

(b) 予報業務そのものではなく、予報の配信業務を行おうとする者に対して、予報業務の許可は必要ではない。

(c) 気象業務法第十八条第二項（許可の基準）第一号に、「許可を受けようとする者が、この法律の規定により罰金以上の刑に処せられ、その執行を終わり、又はその執行を受けることがなくなつた日から二年を経過しない者であるとき」との規定がある。

解答：④　(a) 誤　(b) 正　(c) 正

（a）記録の作成は、現象の予想を担当した気象予報士が行わなければならないという規定はない。

（b）予報内容を利用者に伝達した日時を記録しておかなければならない（気象業務法施行規則第十二条の二「予報事項等の記録」第一号）。

（c）利用者への伝達状況を記録しておかなければならないのは、警報事項であり、注意報は不要である。

（d）気象業務法施行規則第十二条の二（予報事項等の記録）に、「法第十七条第一項の規定により許可を受けた者は、予報業務を行った場合は、事業所ごとに次に掲げる事項を記録し、かつ、その記録を二年間保存しなければならない」との規定がある。記録を保存しておかなければならないのは、5年間ではなく、2年間である。

解答：②　(b) のみ正しい

参考：（予報事項等の記録）

第十二条の二　法第十七条第一項の許可を受けた者は、予報業務を行つた場合は、事業所ごとに次に掲げる事項を記録し、かつ、その記録を二年間保存しなければならない。

　一　予報事項の内容及び発表の時刻

　二　法第十九条の二各号のいずれかに該当する者にあつては、予報事項に係る現象の予想を行つた気象予報士の氏名

　三　気象庁の警報事項の利用者への伝達の状況（当該許可を受けた予報業務の目的及び範囲に係るものに限る。）

4　気象業務法の罰則

問題　解説

（a）地方公共団体が気象庁に届け出をして設置している防災用の警報の標識を、通行人が正当な理由なく移動させた場合、罰則が適用される（気象業務法第四十四条「罰則」、同法第三十七条「気象測器等の保全」）。

(b) 気象庁以外の者が自ら行った（ただし、船舶又は航空機が行う場合は除く）気象の観測の成果を、気象庁長官の許可を得ずに船舶又は航空機において受信されることを目的とした無線通信による発表業務を行った場合、罰則が適用される（気象業務法第四十六条「罰則」第七号、同法第二十六条「無線通信による資料の発表」第一項）。

(c) 気象業務法第二十四条の二十五（登録の抹消）により、気象予報士の死亡は登録の抹消事由ではあるが、届け出ることを怠った場合の罰則は設けられていない。

(d) 気象業務法第二十四条の二十四（登録事項の変更の届出）に、「気象予報士は、前条の規定により気象予報士名簿に登録を受けた事項に変更があつたときは、遅滞なく、その旨を気象庁長官に届け出なければならない」との規程があるが、罰則は設けられていない。

解答：④（c）と（d）が誤り

5 気象業務

問題 1 解説

(a) 気象庁長官の許可を受けた者がその許可された予報業務の範囲を変更しようとするときは、気象庁長官の認可を受けなければならない（気象業務法第十九条「変更認可」）。

(b) 気象業務法第六条（気象庁以外の者の行う気象観測）第三項に、「前二項の規定により気象の観測を技術上の基準に従ってしなければならない者がその施設を設置したときは、国土交通省令の定めるところにより、その旨を気象庁長官に届け出なければならない。これを廃止したときも同様とする」との規定がある。国土交通大臣ではなく、気象庁長官に届けなければならない。

(c) 気象業務法第二十二条（予報業務の休廃止）に、「第十七条の規定により許可を受けた者が予報業務の全部又は一部を休止し、又は廃止したときは、その日から三十日以内に、その旨を気象庁長官に届け出なければならない」との規定がある。十四日以内ではなく、三十日以内である。

解答：①　(a) 正　(b) 誤　(c) 誤

問題2　解説

(a) 気象業務法第六条（気象庁以外の者の行う気象観測）第三項に、「前二項の規定により気象の観測を技術上の基準に従つてしなければならない者がその施設を設置したときは、国土交通省令の定めるところにより、その旨を気象庁長官に届け出なければならない。これを廃止したときも同様とする」との規定がある。届出だけでよく、許可は必要ない。

(b) 観測時刻は技術上の基準として定められていない。技術上の基準には、使う測器や単位、最少位が定められている（気象業務法施行規則第一条の三「気象庁以外の者の行う観測の技術上の基準」）。

(c) 技術上の基準に従って気象の観測をしなければならない者は、その観測の成果を、年に1回気象庁長官に報告しなければならないのではなく、気象庁長官から求めがあった場合に報告しなければならない。気象業務法第六条（気象庁以外の者の行う気象観測）第四項に、「気象庁長官は、気象に関する観測網を確立するため必要があると認めるときは、前項前段の規定により届出をした者に対し、気象の観測の成果を報告することを求めることができる」との規定があるが、それ以外の報告は必要ではない。

(d) 政府機関および地方公共団体以外の者が、その成果を発表するために気温の観測を定常的に行う場合は、技術上の基準に従って実施しなければならない（気象業務法第六条「気象庁以外の者の行う気象観測」第二項）。

解答：⑤　(a) 誤　(b) 誤　(c) 誤　(d) 正

問題3　解説

(a) 気象業務法に基づき予報業務の許可を受けている者が、船舶において受信されることを目的として、気象庁長官の許可を得ずに、無線通信により発表する業務を行った場合、罰則の適用の対象になる。気象業務法第二十六条（無線通信による資料の発表）第一項に、「気象庁以外の者で、その行った気象の観測の成果を国内若しくは国外の気象業務を行う機関、船舶又は航空機において受信されることを目的とする無線通信により発表

する業務を行おうとするものは、気象庁長官の許可を受けなければならない。但し、船舶又は航空機が当該業務を行う場合は、この限りでない」との規程があり、予報業務の許可とは別に許可が必要となる。

(b) 観測の成果の表示は、予報業務の許可とも観測の成果の無線通信による発表業務とも異なり、気象庁長官の許可を必要としない。

(c) 国立大学が学会に発表する論文に掲載するデータを得るために、登録検定機関の行う検定に合格していない気象測器を使用して観測した場合、罰則の適用の対象にならない（気象業務法第六条「気象庁以外の者の行う気象観測」第一項第一号）。

(d) 気象業務法第九条（観測に使用する気象測器）別表により、検定の必要がある測器は、温度計、気圧計、湿度計、風速計、日射計、雨量計、雪量計の7種とされ、雲高測定器は対象外である。

解答：① (a) のみ正しい

問題4 解説

(a) 気象業務法第十五条（予報及び警報）第二項に、「前項の通知を受けた警察庁、都道府県、東日本電信電話株式会社及び西日本電信電話株式会社の機関は、直ちにその通知された事項を関係市町村長に通知するように努めなければならない」との規定がある。

(b) 気象業務法第十五条（予報及び警報）第五項に、「第一項の通知を受けた海上保安庁の機関は、直ちにその通知された事項を航海中及び入港中の船舶に周知させるように努めなければならない」との規定がある。

(c) 気象業務法第十五条（予報及び警報）第四項に、「第一項の通知を受けた国土交通省の機関は、直ちにその通知された事項を航行中の航空機に周知させるように努めなければならない」との規定がある。周知させるのは運行中の鉄道車両ではなく、航行中の航空機である。

(d) 気象業務法第十五条（予報及び警報）第六項に、「第一項の通知を受けた日本放送協会の機関は、直ちにその通知された事項の放送をしなければならない」との規定がある。

解答：③ (c) のみ誤り

（a）気象業務法第二十三条（警報の制限）に、「気象庁以外の者は、気象、地象、津波、高潮、波浪及び洪水の警報をしてはならない。ただし、政令で定める場合は、この限りでない」との規定がある。なお、洪水警報や津波警報は、国土交通大臣、都道府県知事、市町村長に認められる場合がある。

（b）災害対策基本法第六十条（市町村長の避難の指示等）に、「災害が発生し、又は発生するおそれがある場合において、人の生命又は身体を災害から保護し、その他災害の拡大を防止するため特に必要があると認めるときは、市町村長は、必要と認める地域の必要と認める居住者等に対し、避難のための立退きを指示することができる」との規定がある。避難のための立退きの勧告は、令和3（2021）年に廃止されている。

（c）気象庁が行う大雨等による山崩れ、地滑り等の地面現象に関する警報は、その警報事項を気象警報に含めて発表している（天気予報等で用いる用語「特別警報、警報、注意報、気象情報」気象庁）。

（d）気象業務法第十八条（許可の基準）第一項第二号に、「当該予報業務の目的及び範囲に係る気象庁の警報事項を迅速に受けることができる施設及び要員を有するものであること」との規定がある。

解答：② （b）のみ誤り

6　用語の定義

（a）気象業務法第二条「定義」第七項に、「この法律において『警報』とは、重大な災害の起こるおそれのある旨を警告して行う予報をいう」との規程がある。災害の起こるおそれのある旨ではなく、重大な災害の起こるおそれのある旨である。

（b）「海上警報」とは、国土交通省令で定める予報区を対象とする船舶の運航に必要な海上の気象、火山現象、津波、高潮及び波浪に関する警報をいう（気象業務施行令第六条「航空機及び船舶の利用に適合する予報及び警

報」)。

(c) 気象業務法第二条「定義」第一項に、「この法律において『気象』とは、大気（電離層を除く）の諸現象をいう」との規定がある。したがって、電離層を含まない大気の諸現象が気象となる。

(d) 気象業務法第二条「定義」第六項に、「この法律において『予報』とは、観測の結果に基づく現象の予想の発表をいう」との規程がある。したがって、予想ではなく、予想の発表である。

解答：② (b) のみ正しい

問題2 解説

(a) 気象業務法第十三条（予報及び警報）第一項に、「気象庁は、政令の定めるところにより、気象、地象（地震にあっては、地震動に限る。第十六条を除き、以下この章において同じ）、津波、高潮、波浪及び洪水についての一般の利用に適合する予報及び警報をしなければならない」との規定がある。

(b) 気象庁は、政令の定めるところにより、津波、高潮、波浪及び洪水以外の水象についての一般の利用に適合する予報及び警報をすることができる（気象業務法第十三条「予報及び警報」第二項）。

(c) 気象業務法第十三条（予報及び警報）第三項に、「気象庁は、前二項の予報及び警報をする場合は、自ら予報事項及び警報事項の周知の措置を執る外、報道機関の協力を求めて、これを公衆に周知させるように努めなければならない」との規定がある。

解答：③ (a) 誤 (b) 正 (c) 誤

7 災害対策

問題1 解説

(a) 災害が発生するおそれがある異常な現象を発見した者は、その旨を市町村長又は警察官若しくは海上保安官に通報しなければならない（災害対策基本法第五十四条「発見者の通報義務等」第一項）。

第1編 学科一般試験対策

第2編

第3編

(b) 災害対策基本法第五十四条（発見者の通報義務等）第三項に、「第一項の通報を受けた警察官又は海上保安官は、その旨をすみやかに市町村長に通報しなければならない」との規定がある。都道府県知事ではなく、市町村長に通報しなければならない。

(c) 警察官から通報を受けた市町村長は、その旨を気象庁に通報しなければならない（災害対策基本法第五十四条「発見者の通報義務等」第四項）。

(d) 災害対策基本法第五十六条（市町村長の警報の伝達及び警告）に、「市町村長は、法令の規定により災害に関する予報若しくは警報の通知を受けたとき、自ら災害に関する予報若しくは警報を知ったとき、法令の規定により自ら災害に関する警報をしたとき、又は前条の通知を受けたときは、地域防災計画の定めるところにより、当該予報若しくは警報又は通知に係る事項を関係機関及び住民その他関係のある公私の団体に伝達しなければならない。この場合において、必要があると認めるときは、市町村長は、住民その他関係のある公私の団体に対し、予想される災害の事態及びこれに対してとるべき措置について、必要な通知又は警告をすることができる」との規定がある。警報又は通知に係る事項を住民等に伝達することができるのではなく、伝達しなければならない。

解答：④　(a) 正　(b) 誤　(c) 正　(d) 誤

問題2　解説

災害対策基本法第六十条（市町村長の避難の指示等）第一項・第三項の条文に関する問題

災害が発生し、又は発生するおそれがある場合において、人の生命又は身体を災害から保護し、その他災害の拡大を防止するため特に必要があると認めるときは、(a) 市町村長は、必要と認める地域の必要と認める居住者等に対し、避難のための立退きを (b) 指示することができる。

（以上、災害対策基本法第六十条「市町村長の避難の指示等」第一項）

3　災害が発生し、又はまさに発生しようとしている場合において、避難のための立退きを行うことによりかえって人の生命又は身体に危険が及ぶおそれがあり、かつ、事態に照らし緊急を要すると認めるときは、市町村長

は、必要と認める地域の必要と認める居住者等に対し、高所への移動、近傍の堅固な建物への退避、屋内の屋外に面する開口部から離れた場所での待避その他の緊急に安全を確保するための措置（以下（c）「緊急安全確保措置」という）を（b）指示することができる。

（以上、災害対策基本法第六十条「市町村長の避難の指示等」第三項）

解答：③　(a) 市町村長　(b) 指示　(c) 緊急安全確保措置

［ 問題3　解説 ］

災害対策基本法（国の責務）第三条第一項・第二項、同法第四条（都道府県の責務）第一項の条文に関する問題

国は、国土並びに国民の（a）生命、（b）身体及び財産を災害から保護する使命を有することにかんがみ、組織及び機能のすべてをあげて防災に関し万全の措置を講ずる責務を有する。

2　国は、前項の責務を遂行するため、災害予防、災害応急対策及び災害復旧の基本となるべき（c）計画を作成し、及び法令に基づきこれを実施するとともに、地方公共団体、指定公共機関、指定地方公共機関等が処理する防災に関する事務又は業務の実施の推進とその（d）総合調整を行ない、及び災害に係る経費負担の適正化を図らなければならない。

（以上、災害対策基本法第三条「国の責務」）

都道府県は、当該都道府県の地域並びに当該都道府県の住民の（a）生命、（b）身体及び財産を災害から保護するため、関係機関及び他の地方公共団体の協力を得て、当該都道府県の地域に係る防災に関する（c）計画を作成し、及び法令に基づきこれを実施するとともに、その区域内の市町村及び指定地方公共機関が処理する防災に関する事務又は業務の実施を助け、かつ、その（d）総合調整を行なう責務を有する。

（以上、災害対策基本第四条「都道府県の責務」）

解答：②　(a) 生命　(b) 身体及び財産　(c) 計画　(d) 総合調整

［ 問題4　解説 ］

（a）国土交通大臣は、2つ以上の都府県の区域にわたる河川その他の流域面

積の大きい河川で洪水により国民経済上重大な損害を生ずるおそれがある
ものとして指定した河川について、気象庁長官と共同して、洪水のおそれ
があると認められるときは当該河川の状況を関係都道府県知事に通知する
こととされている（水防法第十条「国の機関が行う洪水予報」）。

(b) 気象業務法第十五条（予報及び警報）第六項に、「第一項の通知を受け
た日本放送協会の機関は、直ちにその通知された事項の放送をしなければ
ならない」との規定がある。放送に努めるのではなく、放送をしなければ
ならないとされている。

(c) 都道府県知事は、法令の規定により、気象庁から災害に関する警報の通
知を受けたときには、法令または地域防災計画の定めるところより予想さ
れる災害の事態及びこれに対しとるべき措置について、市町村長の関係者
に対して必要な通知または要請をすることとされている（災害対策基本法
第五十五条「都道府県知事の通知等」）。

(d) 災害対策基本法第六十条（市町村長の避難の指示等）に、「災害が発生
し、又は発生するおそれがある場合において、人の生命又は身体を災害か
ら保護し、その他災害の拡大を防止するため特に必要があると認めるとき
は、市町村長は、必要と認める地域の居住者等に対し、避難のための立退
きを指示することができる」との規定がある。指示しなければならないの
ではなく、指示することができる。

解答：③（a）と（c）が正しい

問題5 解説

消防法第二十二条（火災の警戒）の条文に関する問題

気象庁長官、管区気象台長、沖縄気象台長、地方気象台長または測候所長
は、気象の状況が火災の予防上危険であると認めるときは、その状況を直ち
にその地を管轄する（a）都道府県知事に通報しなければならない。この通
報を受けた（a）都道府県知事は、直ちにこれを（b）市町村長に通報しな
ければならない。（b）市町村長は（a）都道府県知事からの通報を受けたと
き又は気象の状況が火災の予防上危険であると認めるときは、火災に関する
（c）警報を発することができる。（c）警報が発せられたときは（c）警報が

解除されるまでの間、その市町村の区域内に在る者は、市町村条例で定める
（d）火の使用の制限に従わなければならない。

解答：⑤　（a）都道府県知事　（b）市町村長　（c）警報
**　　　（d）火の使用の制限**

参考：（火災の警戒）

消防法第二十二条　気象庁長官、管区気象台長、沖縄気象台長、地方気象
　台長又は測候所長は、気象の状況が火災の予防上危険であると認めると
　きは、その状況を直ちにその地を管轄する都道府県知事に通報しなければ
　ならない。

2　都道府県知事は、前項の通報を受けたときは、直ちにこれを市町村
　　長に通報しなければならない。

3　市町村長は、前項の通報を受けたとき又は気象の状況が火災の予防
　　上危険であると認めるときは、火災に関する警報を発することができ
　　る。

4　前項の規定による警報が発せられたときは、警報が解除されるまで
　　の間、その市町村の区域内に在る者は、市町村条例で定める火の使用
　　の制限に従わなければならない。

問題6　解説

　災害対策基本法第五十五条（都道府県知事の通知等）の条文に関する問題
　都道府県知事は、法令の規定により、気象庁その他の国の機関から災害に
関する予報若しくは（a）警報の通知を受けたとき、又は自ら災害に関する
警報をしたときは、法令又は（b）地域防災計画の定めるところにより、予
想される災害の事態及びこれに対してとるべき措置について、関係指定地方
行政機関の長、（c）指定地方公共機関、（d）市町村長その他の関係者に対
して、必要な通知又は要請をするものとする。

解答：⑤　（a）警報　（b）地域防災計画　（c）指定地方公共機関
**　　　（d）市町村長**

災害対策基本法第五十五条　都道府県知事は、法令の規定により、気象庁
　その他の国の機関から災害に関する予報若しくは警報の通知を受けたと
　き、又は自ら災害に関する警報をしたときは、法令又は地域防災計画の定
　めるところにより、予想される災害の事態及びこれに対してとるべき措置
　について、関係指定地方行政機関の長、指定地方公共機関、市町村長その
　他の関係者に対し、必要な通知又は要請をするものとする。

問題7　解説

● 高潮警報は、気象庁が発表する（気象業務法第十三条「予報及び警報」第
　一項）。

● 住民の避難のための立退きの指示は、基本的には市町村長が行うことがで
　きる（災害対策基本法第六十条「市町村長の避難の指示等」第一項）。

● 火災に関する警報は、市町村長が発表する（消防法第二十二条「気象状況
　の通報と火災警報」第三項）。

● 水防警報は、国土交通大臣が指定したところは国土交通大臣が、都道府県
　知事が指定したところは都道府県知事が発表する（水防法第十六条「水防
　警報」第一項）。

解答：①　気象庁　市町村長　市町村長　都道府県知事

問題8　解説

　水防法第十条（国の機関が行う洪水予報）第一項・第二項の条文に関する
問題

　（a）気象庁長官は、気象等の状況により洪水又は高潮のおそれがあると認
められるときは、その状況を（b）国土交通大臣及び（c）関係都道府県知
事に通知するとともに、必要に応じ放送機関、新聞社、通信社その他の報道
機関（以下「報道機関」という）の協力を求めて、これを一般に周知させな
ければならない。

　（b）国土交通大臣は、2つ以上の都府県の区域にわたる河川その他の流域
面積が大きい河川で洪水により国民経済上重大な損害を生ずるおそれがある

ものとして指定した河川について、(a) 気象庁長官と共同して、洪水のおそれがあると認められるときは水位又は流量を、はん濫した後においては水位若しくは流量又ははん濫により浸水する区域及びその (d) 水深を示して当該河川の状況を (c) 関係都道府県知事に通知するとともに、必要に応じ報道機関の協力を求めて、これを一般に周知させなければならない。

解答：②　(a) 気象庁長官　(b) 国土交通大臣　(c) 関係都道府県知事
**　　　　　(d) 水深**

参考：(国の機関が行う洪水予報)

水防法第十条　気象庁長官は、気象等の状況により洪水又は高潮のおそれがあると認められるときは、その状況を国土交通大臣及び関係都道府県知事に通知するとともに、必要に応じ放送機関、新聞社、通信社その他の報道機関（以下「報道機関」という）の協力を求めて、これを一般に周知させなければならない。

　2　国土交通大臣は、二以上の都府県の区域にわたる河川その他の流域面積が大きい河川で洪水により国民経済上重大な損害を生ずるおそれがあるものとして指定した河川について、気象庁長官と共同して、洪水のおそれがあると認められるときは水位又は流量を、はん濫した後においては水位若しくは流量又ははん濫により浸水する区域及びその水深を示して当該河川の状況を関係都道府県知事に通知するとともに、必要に応じ報道機関の協力を求めて、これを一般に周知させなければならない。

第 **2** 編

学科専門試験対策

1 観測の成果の利用

1 地上気象観測概説

　気象観測データは、気象解析や天気予報を行うのに最も基本となる情報です。気象観測は、手法等によってさまざまに分類されます。観測手法による分類には、観測したい地点に測器を設置して観測を行う**直接観測**と、対象とする地点を他の地点から観測する**遠隔観測（リモートセンシング）**があります。また、観測時刻による分類には、**協定世界時（世界標準時刻）**を観測時点の基準にして行う**定時観測**と、必要に応じて逐次観測を行う**非定時観測**があります。

　日本国内には約1300の気象観測地点があり、このうちの約840地点で**気温、湿度、風向風速、降水量**の観測が行われ、ほかの約460地点で**降水量**が観測されています。また、約1300の地点のうち、約330地点では**積雪**の観測もあわせて行われています。

　このように、統一した基準・規約の下に分布する観測地点群を観測網といい、約1300の地点の観測情報を収集するシステムを、**地域気象観測システム**、通称、**アメダス（AMeDAS）**といいます。この地域気象観測網は、約17km間隔であり、メソαスケール以上の規模の現象を捉えるには十分ですが、雷雨などの現象を捉えることは、困難である場合が多いです。

　気象官署での地上気象観測では、気温、湿度、風向風速、降水量の観測のほかにもさまざまな観測が行われます。また、自動観測以外に**目視**による観測も行われるところがあります。

　水蒸気が大気中で凝結、昇華してできた雨滴や氷、または、それらが融解、凍結してできた雨滴や氷が、**地上に落下**する、または、落下したものを**降水**といいます。降水などのような天気を決める大気現象がほかになく、全雲量が0〜1の場合を快晴、2〜8の場合を晴れ、9〜10の場合を曇りといいます。また、曇りの場合でも、見かけ上の最多雲量が上層雲の組み合わせ

である場合は、**薄曇り**といいます。

図表1-1 | 国際式全雲量と記号

8分雲量	0	1	2	3	4	5	6	7	8	-
10分雲量	0	0+〜1	2〜3	4	5	6	7〜8	9〜10-	10	不明
天気	快晴		晴れ					曇り		不明
記号	◯	◐	◔	◑	◑	◓	◕	◑	●	⊗

※雲が全天を覆っている割合を8分雲量（日本式は10分雲量）で表す。
※出典：気象庁

　ごく小さい水滴や吸湿性の粒子が大気中に浮遊した状態で、水平視程が1km以上の場合を**靄**、1km未満の場合を**霧**といいます。黄砂、降灰などの吸湿性のない粒子が全天を覆っている場合（雲量9以上）の天気は、**煙霧**です。

▎学習のポイント

- 気象観測の手法と時間、気象要素、地域気象観測システムアメダス（AMeDAS）などの基本事項を整理しておく。
- 気象観測の分類は、手法や目的によってさまざまであり、観測手法による分類と観測時刻による分類のほかにも、対象領域によって、領域観測と地点観測に分ける場合などがある。なお、観測は、世界規模で統一された時刻に行われるため、協定世界時が観測時刻の基準になっている。
- 地域気象観測システムアメダスの観測項目である降水量、気温、風向・風速、湿度の4要素は必ず覚える。また、多雪地域では、積雪の観測が行われる。
- 東京と大阪の気象官署では、目視によって雲と大気現象の観測が行われる。地域気象観測システムアメダス4要素は、令和3（2021）年に日照時間から湿度の観測に変わった。
- 天気に関する項目では、降水、雲量と天気、霧と靄の違いなどが問われている。ほかに、氷などの固形の降水粒子は、融かした値を降水量としていることも必ず覚える。

（演習問題）

地上気象観測について述べた文として誤っているものを、下記の①～⑤の中から1つ選べ。

① 気象庁では、ごく小さい水滴や吸湿性の粒子が浮遊した状態で水平視程が1km以上の場合を靄、1km未満の場合を霧という。

② 気象官署における地上気象観測では、目視による観測が行われるところもある。

③ 気象庁のアメダスで観測されている4要素とは、降水量、気温、風向・風速、日照時間である。

④ 気象庁では、降水が観測されず全雲量が0～1の場合を快晴、2～8の場合を晴れ、9～10の場合を曇りという。

⑤ 気象庁においての観測時刻による分類には、協定世界時を基準にして行う「定時観測」と逐次観測を行う「非定時観測」がある。

（解説と解答）

① 気象庁では、ごく小さい水滴や吸湿性の粒子が浮遊した状態で水平視程が1km以上の場合を靄といい、1km未満の場合を霧という。

② 気象官署での地上気象観測では、自動観測以外に目視による観測も行われるところがある。

③ 気象庁のアメダスで観測されている4要素とは、降水量、気温、風向・風速、湿度である。湿度は、令和2（2020）年までは日照時間であったため、古い情報に注意する。

④ 降水が観測されず、全雲量が0～1の場合を快晴、2～8の場合を晴れ、9～10の場合を曇りという。

⑤ 気象庁の観測時刻による分類には、協定世界時を基準に行う「定時観測」と逐次観測を行う「非定時観測」がある。

解答：③　気象庁のアメダスで観測されている4要素とは、降水量、気温、風向・風速、日照時間である。

2　海上・航空気象観測

　地上気象観測と基本的な観測項目を等しくするものに、**海上気象観測**と**航空気象観測**があります。海上気象観測は、航行中の船舶や海洋上の**ブイ**によって行われ、地上気象観測項目に加えて**波浪**と**海面水温**の観測を行っています。

図表1-2 ｜ 気象庁の気象観測船（左）と漂流型海洋気象ブイ（右）

※出典：気象庁

　気象観測船では、船上での気象観測のほかに海中の二酸化炭素濃度の観測なども行われます。また、漂流型海洋気象ブイでは、通常3時間ごとに気圧、水温、波高、波の周期を自動的に観測し、ブイの位置とともに衛星通信によって通報しています。

　航空気象観測は、空港にある航空気象官署で行われ、地上気象観測項目に加えて**2分間平均風速**、**滑走路視距離**（航空機の操縦士が滑走路を視認できる最大距離）、雲高計（雲底高度計）による**雲底（雲底高度）観測**が行われています。

図表1-3 ｜ 滑走路視距離観測装置

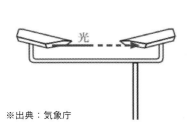

光

※出典：気象庁

滑走路視距離観測装置は、大気の透明度を観測することで、滑走路上の視程距離を測定する装置です。投光器から射出された光の散乱を受光器で観測することで、大気の透明度を求めています。なお、滑走路視距離観測装置は、滑走路視距離の英訳「Runway Visual Range」の頭文字からRVRと呼ばれることがあります。

図表1-4│雲高計（雲底高度計）

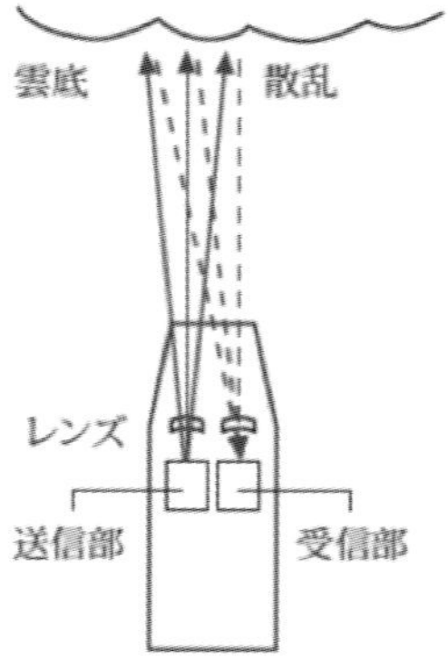

※出典：気象庁

雲高計（雲底高度計）は、送信部からレーザー光を射出し、雲に散乱されたレーザー光が戻ってくるまでの時間を計測することによって、雲底高度を求める装置です。シーロメーターとも呼ばれます。雲高計は、ミー散乱による散乱光を観測しています。

学習のポイント

- 海上気象観測と航空気象観測は、地上気象観測に準じた観測である。
- 海上気象観測では、地上気象観測項目に加えて波浪（波高、周期、波向）と海面水温の観測が行われる。また、波浪の観測は、風浪とうねりに分けて、それぞれについて行われている。
- 高層気象観測を行う観測船もある。
- 観測した風から船速ベクトルを引いて、真風向・真風速を求める。
- 航空気象観測では、10分間平均風速のほかに、2分間平均風向風速を観測

することによって風の急変などに対応するほか、滑走路上の視距離や雲底高度を観測し、航空機の安全な運航に役立てている。

▎理解度チェック

演習問題

海上・航空気象観測について述べた次の文章の下線部（a）～（d）の正誤の組み合わせとして正しいものを、下記の①～⑤の中から１つ選べ。

海上気象観測は、航行中の船舶や海洋上の (a) ブイによって行われ、地上気象観測項目に加えて波浪と (b) 海面水温の観測を行っている。航空気象観測においては、空港にある航空気象官署にて行われ、地上気象観測項目に加えて (c) 5分間平均風速、滑走路視距離、シーロメーターによる (d) 雲頂高度の観測が行われている。

	(a)	(b)	(c)	(d)
①	誤	誤	誤	正
②	正	誤	正	誤
③	誤	正	誤	誤
④	正	正	誤	誤
⑤	正	正	正	正

解説と解答

海上気象観測は、航行中の船舶や海洋上のブイによって行われ、地上気象観測項目に加えて波浪と海面水温の観測を行っている。航空気象観測では、空港にある航空気象官署にて行われ、地上気象観測項目に加えて２分間平均風速、滑走路視距離、シーロメーターによる雲低高度の観測が行われている。

解答：④　(a) 正　(b) 正　(c) 誤　(d) 誤

第１編

3　気象観測要素

　地上気象観測の各項目には、以下のものがあります。

①気圧

　標高が高くなるほど気圧は低くなるため、観測点の**現地気圧**を、特定高度の気圧に換算した値を国際標準として用いています。この換算された気圧を、**海面更正気圧（海面気圧）**といいます。気圧は、数値予報の初期値になるほか、天気図解析でも重要な要素になります。なお、気圧の観測誤差には強風による誤差があり、この誤差は、風速の2乗に比例します。

②気温

　気温の観測は、**地上1.5m**を基準に行っています。一般には、**摂氏温度℃**で表されますが、数値予報モデルなどでは絶対温度Kを用いる場合もあります。

図表1-5 ｜ 通風筒

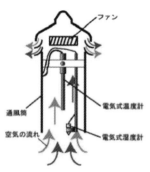

※出典：気象庁　　　通風筒の断面図　　　　　　　　通風筒の外観

　通風筒は、気象官署やアメダス観測所に設置されています。通風筒内は、風速5m/sで風が流れるように設計されています。観測機器は、地面の照り返しなどの影響を受けないように、芝生などの上の1.5mの高さに設置され

ています。また、積雪時には、雪面から1.5mの高さになるように計器を昇降させています。

③風

　風の観測は、**風向**と**風速**について行います。観測の基準となる**高度は10m**です。**風向は、風の吹いて来る方向**であり、真北を基準に**16または36方位**で表します。風速は、平均値と瞬間値の観測を行います。地上気象観測での風速の観測値は、**平均風速・最大風速**ともに**10分間の平均値**です。

図表1-6 ｜ 風向表

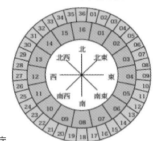

※出典：気象庁

　風向は、北を基準に360°で計測しますが、その値を、方位、01〜16の数字、01〜36の数字のいずれかに置き換えます。たとえば、210°から吹いてくる風の風向は、南南西、09、21のいずれかで表されます。

④降水量

　降水量は、ある時間内に地表の水平面に達した降水の量を**0.5mm単位**で表します。雪や霰（あられ）などは**融解**させて観測しますが、積雪深計を設置している観測地点では、ある時間内に降り積もった雪の深さや測定時刻の地表面からの雪の深さを**1cm単位**で観測しています。

図表1-7 | 転倒ます型雨量計

※出典：気象庁

　転倒ます型雨量計の内部では、漏斗状の受水器から、転倒ますに降水が集められるようになっています。転倒ますに深さ0.5mmに相当する水が溜まると、ますが倒れます。ますが倒れた回数をカウントすることにより、降水量が0.5mm単位で観測されるようになっています。冬期は雨量計のカバーの内外に接置したヒーターで、固形降水を融かしながら降水量を計測している観測地点もあります。

⑤**日照時間**

　日照計を用いて、1時間内に何分間の日照があったかを計測します（**0.1時間単位**）。直射日光による影が認識できる光量（120W/㎡以上）を観測した時間が、日照時間です。なお、日照時間の可照時間に対する比を、**日照率**といいます。

⑥**日射量**

　日射量では、太陽光線に垂直な面が単位時間に受ける日射量（**直達日射量**）と、日射量に天空全方位からの散乱日射と雲によって反射された日射をあわせた量（**全天日射量**）を観測しています（**図表1-8**）。

図表1-8 | 全天日射計と太陽追尾式日照計

全天日射計

太陽追尾式日照計

※出典：気象庁

　気象官署では、太陽追尾式日照計を用いて直達日射を観測しているところもあり、日照時間を算出しています。太陽追尾式日照計は、常に太陽のほうを向くようになっています。

⑦湿度

　地上気象観測では、電気式湿度計によって**相対湿度**を計測しています。観測時刻の値のほかに、観測日の**最小湿度**も観測されています。

⑧目視観測

　雲と**大気現象**については、東京と大阪の気象官署でのみ目視観測を行っています。雲は、雲形、雲形別の雲量、全雲量、雲の向き、雲の高さ、雲の状態を観測します。大気現象は、雨・雪・霧などの大気水象、黄砂・煙霧などの大気じん象、虹・彩雲などの**大気光象（大気光学現象）**、電光・雷鳴などの**大気電気象**について観測を行っています。

▌学習のポイント

- 気象要素の観測項目は細部について問われることがある。観測結果を通報する場合について問われることもあるが、基本的に観測と同じと考えてよい。
- 気圧は、現地気圧と海面更正気圧の両方が通報される。海面更正気圧は、静力学平衡の関係を用いて求める。

●気温・湿度は、地上1.5mの高さで観測するが、風は地上10mの高さで観測する。ただし、周囲の高層建築物の影響を受ける場合はこれに限らず、ビル上などに設置されることもある。なお、瞬間風向・瞬間風速については、3秒間平均風向・風速を用いる。

●雨量計は、地面からの反射の影響を受けないように設置し、建物の屋上等に設置する場合は、側縁部を吹き上がって巻き込む風の影響を受けない位置に設置する。固形の降水粒子を含む降水量は、融かして水に変えたものを測定する。

●日照時間は、直射日光が地表面を照射した時間である。なお、太陽が東の地平線から昇って西の地平線に沈むまでの時間を可照時間といい、日照率は可照時間に対する日照時間の相対比である。

●湿度は、一般に相対湿度を観測する。なお、絶対湿度は、単位体積の空気に含まれる水蒸気量である。

●日射量は、直達日射量と全天日射量を観測している。直達日射量は、太陽から直接地上に届く日射量のことで、大気によって吸収された後の日射量であるが、散乱や反射によって宇宙空間に戻された日射は含まない。直達日射が観測されるのは、日の出から日の入りまでである。全天日射量は、直達日射量と大気による散乱、反射によって地表に届く日射量と、雲によって反射されて地表に届く日射量の合計である。全天日射は日の出前や日の入り後でも観測される。

●目視観測の項目は、雲と大気現象である。目視観測は、東京と大阪の気象官署を除き自動観測になった。自動観測では、雲の観測は行われない。

理解度チェック

演習問題

気象庁が行う地上気象観測要素について述べた文として誤っているものを、下記の①～⑤の中から1つ選べ。

① 雲は雲形、雲形別の雲量、全雲量、雲の向き、雲の高さ、雲の状態を目視で観測している。

② 風は地上1.5mの高さで観測するが、気温、湿度は地上10mの高さで観

測する。

③　日射量の観測には、大気によって吸収されたものは含まれない。

④　雪などの固形の降水粒子を含む降水は、融かして水に変えたものを測定する。

⑤　一部の気象官署において、彩雲や雷光は目視で観測している。

解説と解答

①　雲は、雲形、雲形別の雲量、全雲量、雲の向き、雲の高さ、雲の状態を目視で観測する。

②　風は地上10mの高さで観測し、気温、湿度は地上1.5mの高さで観測する。

③　日射量の観測には、大気によって吸収されたものは含まれない。

④　固形の降水粒子を含む降水は、融かして水に変えたものを測定する。

⑤　一部の気象官署（東京および大阪）では、彩雲や電光は、目視で観測する。

解答：②　風は地上1.5mの高さで観測するが、気温、湿度は地上10mの高さで観測する。

4　高層気象観測

　高層気象観測は、観測地点上空の**気圧、気温、湿度、風（風向・風速）**を観測するもので、国内16か所の**高層気象官署**、2隻の**海洋気象観測船**（2023年12月現在）、南極（昭和基地）で行われています。これらの観測地点では、協定世界時刻（00UTC、12UTC）に、**ラジオゾンデ観測（GPSゾンデ観測）**を行い、大気を直接観測しています。

　高層気象観測の観測地点間隔は、世界気象機構（WMO）により、陸上で300km、海上で1000kmと勧告されていますが、海洋面積の大きい南半球の観測データが不足しているため、民間航空機による観測データや**気象衛星観測**データを、補間データとして用いています。

　高層気象観測の観測値は、**高層天気図**の作成に用いられるほか、鉛直断面

第1編
第2編　学科専門試験対策
第3編

図やエマグラム（熱力学図）の作成、数値予報のための資料として用いられます。

　2001年4月以降、陸上でも大気を密に、かつ、効率的に観測するため、国内33か所の観測所でウィンドプロファイラによる大気の間接的な観測が行われています。これは、大気中の降水粒子や大気の屈折率の不均一による散乱を利用して観測を行うものです。ウィンドプロファイラの観測では、高度300mごとの10分平均値を観測しています。気象庁で使用している観測装置では、理論上の観測上限高度が12000mですが、大気の状態や季節などの影響で、観測可能な上限高度は変化します。なお、観測上限高度は、利用波長により異なります。

　また、高度が高くなるほど分解能が低くなるため、積乱雲に伴う風の変化などは正確に捕捉できない場合があり、数十分以下の時間スケールの現象も捕捉できない場合があります。

　ウィンドプロファイラの観測成果によって、上空の気圧の谷や気圧の尾根の通過が解析され、地表付近では、前線が解析されます。ウィンドプロファイラの観測成果は、降水の検出や、落下速度の差異による雨雪判別（融解層の検出）にも用いられています。

図表1-9 ｜ ウィンドプロファイラ観測

（a）観測の概要　　　（b）観測の原理　　　（c）高松地方気象台の電波発射装置

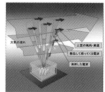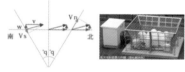

※出典：気象庁

　図表1-9（b）は、気象ドップラーレーダーの原理であり、ウィンドプロファイラ観測に応用されています。鉛直方向と南北方向に同じ角度に傾けて発信した2本の電磁波のドップラー速度（図表1-9（b）Vs・Vn）から、大気の動きのv成分とw成分を求めます。同様に、鉛直方向と東西方向に同じ

角度に傾けて発信した2本の電磁波から、大気の動きのu成分を求めます。

図表1-10 ｜ ウィンドプロファイラ観測データ

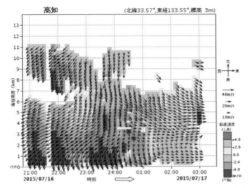

※2015年7月17日の高知地方気象台公表の時系列鉛直断面図
※出典：気象庁

ウィンドプロファイラ観測データから風（水平成分）と鉛直流の時間変化を読み取ることができ、前線や風のシアの解析などに利用されます。

▎**学習のポイント**

● **高層気象観測**：ラジオゾンデによって観測地点上空の大気を観測する。

● **ウィンドプロファイラ観測**：気象ドップラーレーダーの原理を応用して、観測地点上空の大気の状態を観測する。

● **ウィンドプロファイラ**：大気の屈折率の乱れを利用して観測地点上空の風を観測する装置。

● ウィンドプロファイラは、降水粒子を伴わない場合でも風の観測ができるが、降水がある場合は、降水粒子の動きを風として観測することになる。大気中に降水粒子が多く存在する場合は、観測可能上限高度が高くなる。大気が乾燥している場合は、観測可能上限高度が下がるだけでなく、観測できないこともある。

● 上空の気圧の谷や気圧の尾根、前線等は、風向のシアを検出することによって求められる。

● ラジオゾンデで観測する項目は、気圧、気温、湿度、風向風速であり、GPSによって緯度経度を測定し、静力学平衡の関係を用いて高度を計算し、ゾンデの軌跡から風向風速を計算する。なお、気圧計を搭載していないラジオゾンデもあり、その場合は、高度をGPSで算出し、静力学平衡の関係を用いて気圧を計算する。

理解度チェック

演習問題

　気象庁が行っているウィンドプロファイラによる風の観測について述べた文として誤っているものを、下記の (a) ～ (d) の中から1つ選べ。

(a) 大気の屈折率の乱れを利用して観測地点上空の風を観測する。

(b) 降水粒子がない場合は観測できない。

(c) 観測データは数値予報の初期値に利用されている。

(d) 降水があるところでは、降水粒子の動きによるドップラー効果により、風向・風速を観測している。

解説と解答

(a) ウィンドプロファイラは、大気の屈折率の乱れを利用して観測地点上空の風を観測する。

(b) 降水粒子がない場合も風を観測できる。一般に、降水粒子などで大気が湿っているほど、観測高度は高くなり、およそ7～9km付近まで観測可能である。

(c) 観測データは、数値予報の初期値に利用されている。

(d) 降水粒子の動きによるドップラー効果により、風向・風速を観測している。

解答：(b) 降水粒子がない場合は観測できない。

5 | 気象レーダー観測

気象レーダーは、ある地点から発射した電波が、進路上の物体によって**散乱（反射）**されて同じ時点に戻ってくる現象（電波のレイリー散乱の後方散乱特性）を利用して、降水の位置や強さを測定する装置です。

発射した電波が戻ってくるまでの時間から降水までの距離を求め、戻ってきた電波の強さから降水強度を算出しています。

図表1-11 | 気象レーダー観測の原理

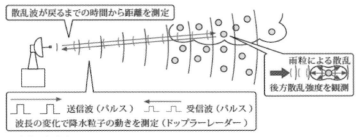

※出典：気象庁

気象レーダーには、非降水性の雲や霧を観測する波長3〜9mmの**ミリ波レーダー**と、降水雲（雨粒や雪片で構成される雲）を観測する波長30〜100mmの**降水レーダー（マイクロ波レーダー）**があり、一般に気象レーダーという場合は、降水レーダーを指します。

日本国内には20か所に気象レーダー観測所があり、**気象ドップラーレーダー**が設置されています。気象ドップラーレーダーでは、送信波と受信波の周波数偏移を測定することによって、降水粒子の**移動速度**を観測できます。**ダウンバースト**や低層ウィンドシアなど、航空機の安全な運航に支障をきたす現象が監視されています。さらに、令和2（2020）年3月から**二重偏波気象ドップラーレーダー**の導入を開始しています。二重偏波気象ドップラーレーダーは、水平偏波と垂直偏波を用いることで、雲の中の降水粒子の種別判別や降水の強さをより正確に推定することが可能です。

1台の気象レーダーで観測できるのは、設置場所から約300km以内です

第1編

第2編 学科専門試験対策

第3編

が、品質が保たれるのは、約200km以内です。ただし、設置場所や周囲の地形などにより、方位によって品質差の生じる場合があります。また、レーダーエコーと実際の降水強度に差が出る場合もあります。このため、気象庁では、国内20か所の観測データを合成するとともに、地上気象観測で得られた降水データをもとに、気象レーダー観測値を補正しています。

図表1-12 | 気象レーダー観測網

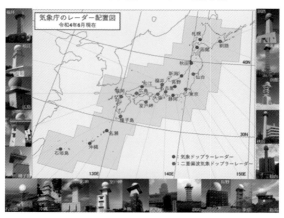

※2022年6月時点での気象ドップラーレーダーの配置を示す。
※出典：気象庁

　気象レーダーには、次のような弱点や誤差などの特徴があります。
- 地球が球体であるために、遠方の背の低い雪雲や**層状雲**を捕捉できない。
- 降水粒子を捕捉しても、それより低い高度で蒸発してしまう場合、地上では降水が観測されない。
- 地形や地物（建物など）の影響で、観測値に定常的な強弱ができる。
- 降水粒子が雪から雨に変わる融解層の直下では、降水強度が強く検出され、**ブライトバンド**という（**図表1-13**）。

図表1-13 | ブライトバンドの例（福井県の雨雲レーダー）

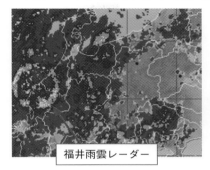

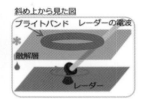

※出典：気象庁

　図表1-13のドーナツ状の丸で囲まれた領域は、強いエコー領域のブライトバンドです。融解層が存在することによって、降水強度が実際よりも強く観測されています。なお、ブライトバンドは、常にドーナツ状に出現するわけではありません。

● 霧雨は、粒子の大きな雨粒が地表付近に限られるため、**弱く検出される**。
● 大気の成層状態によって、降水がない場合でも降水ありと検出される。これを非降水エコーという。非降水エコーには、大気の鉛直密度差による**エンジェルエコー**、海上の風が強い場合の**シークラッター**、地形による反射（地形性エコー）、ほかの電波基地局からの電波の混信などがある。このような場合には、定常的に観測されるものがないか調べること、ほかの観測手法によって観測されているかを調べることによって、過剰な検出や誤差を判別する。

　気象レーダー観測は、時間的・空間的に密な観測が可能である反面、定量性では地上気象観測に劣ります。このため、気象庁では、気象レーダー観測による値と、地上気象観測雨量の統計的な関係をもとに補正を施した面的な雨量分布を求めています。これを**解析雨量**といいます（**図表1-14**）。

図表1-14 | 解析雨量作成のイメージ

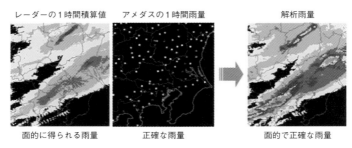

レーダーの1時間積算値　　アメダスの1時間雨量　　　　　　　解析雨量

面的に得られる雨量　　　　正確な雨量　　　　　　面的で正確な雨量

※出典：気象庁

　解析雨量図は、アメダス等の降水量観測と気象レーダー観測を組み合わせ
て解析した結果を表した図です。**図表1-14**では、レーダーで観測された雨
量よりもアメダスで観測された雨量のほうが多かったため、解析雨量で補正
されています。

　地上気象観測が行われている地点については、気象レーダーで観測した値
を地上気象観測の観測値に一致させるように、補正係数が決められていま
す。また、観測地点間については、隣接する観測地点の補正係数が適正につ
ながるように、**1km間隔**で補正係数分布を決めます。このようにして、30
分間隔（速報版は10分間隔）で前1時間の雨量を解析雨量として算出してい
ます。

　解析雨量は、30分間隔（速報版は10分間隔）で**降水短時間予報**（6時間先
までの降水の予報）や5分間隔で**降水ナウキャスト**（1時間先までの降水の
予報）の初期値作成などに用いられます。

▌学習のポイント

- ●気象レーダーに関しては、誤差特性、気象ドップラーレーダーの特徴など
  が、試験の重点項目である。
- ●**二重偏波気象ドップラーレーダー**：水平方向と垂直方向に振動する2種類
  の電波を用いることで、雲の中の降水粒子の種類（雨や雪など）の判別や
  降水の強さをより正確に推定することができる。

理解度チェック

演習問題

　気象レーダーの特徴について述べた次の文（a）〜（d）の正誤について正しいものを、下記の①〜⑤の中から1つ選べ。

（a）非降水エコーは降水がある場合に検出される。

（b）上空で捕捉された降水粒子はすべて地上に届く。

（c）降水粒子が雪から雨に変わる融解層の直下では、降水強度が弱く検出される。

（d）霧雨は雨粒が地表付近に限られるため、強く検出される。

① （a）のみ正しい

② （b）のみ正しい

③ （c）のみ正しい

④ （d）のみ正しい

⑤ すべて誤り

解説と解答

（a）非降水エコーは、降水がある場合に検出されない。

（b）上空で捕捉された降水粒子は、地上に届かない場合がある。

（c）降水粒子が雪から雨に変わる融解層の直下では、降水強度が強く検出される。

（d）霧雨は、雨粒が地表付近に限られるため、弱く検出される。

解答：⑤　すべて誤り

6 気象衛星観測

　日本の気象衛星は、**北緯0°・東経140.7° の高度約36000km** に打ち上げられています。ひまわり9号と、待機運用のひまわり8号それぞれに搭載された**16台のセンサー（チャンネル）**により、観測が行われています。可視域3種類（カラー合成可能）、近赤外域3種類、赤外域10種類の16チャンネルです。

　2024年2月現在、気象衛星観測は**10分おき**（日本近郊は2.5分おき）に行

われ、広範囲の均質なデータが得られています。このため、アメダス（AMeDAS）や気象レーダー観測のデータを重ね合わせることにより、降水域などの監視が可能になり、気象レーダーなどの探知範囲外にある擾乱の接近や発達を監視できます。また、高層気象観測では得られない**面や層のデータ**が得られるため、擾乱の移動や変化がすぐに把握できます。さらに、雲の変化を捉えることで、擾乱の発生や盛衰を判別できる場合もあります。気象衛星画像では、数値予報や天気図解析によって得られる上層の気圧の谷や渦度などの物理量が目視できるため、数値予報のずれの修正にも利用されています。

　気象衛星観測は、主に、大気成分による電磁波の吸収が少ない**波長帯（窓領域）**の電磁波を利用して、雲や地表面を観測します。ただし、水蒸気画像の作成に用いるために、**水蒸気**による電磁波の吸収が大きい波長帯も観測しています。

図表1-15｜気象衛星観測網

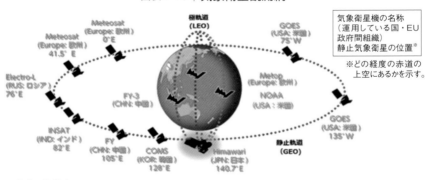

※出典：気象庁

　気象衛星には、静止気象衛星と極軌道衛星の2種類があります。日本の気象衛星ひまわりは、静止衛星の1つです。**図表1-15**では、日本の気象衛星機はHimawari（ひまわり）、140.7°E＝東経140.7°にあることを示しています。なお、°Wは、西経○°という意味です。

　気象衛星のチャンネルは、バンド番号1～3が可視光領域、バンド番号4

〜6が近赤外線領域、バンド番号7〜16が赤外線領域です。主なチャンネルの概要は、次のとおりです。

● **バンド15（赤外）センサー**：波長12.4μm。地球からの放射量を測定し、輝度温度に換算。

● **バンド13（赤外）センサー**：波長10.4μm。地球からの放射量を測定し、輝度温度に換算。一般に、**赤外画像**は、このチャンネルによる観測を可視化したものを指す。

● **バンド8（赤外）センサー**：波長6.2μm。大気上層〜中層の水蒸気の多寡を観測。水蒸気画像は、このチャンネルによる観測を可視化したものを指す。

● **バンド7（赤外）センサー**：波長3.9μm。日中は地球からの放射と太陽光の反射、夜間は地球からの放射を観測。**3.9μm帯画像**は、このチャンネルによる観測を可視化したものを指す。

● **バンド3（可視）センサー**：波長0.64μm。可視光線の波長帯で観測するため、夜間は何も観測されない。

なお、現行「ひまわり8号・9号」の気象衛星直下での水平分解能は、上記の赤外チャンネル（バンド7・8・13・15センサー）で**2km**、可視チャンネル（バンド3センサー）で**0.5km**となっていますが、日本付近では解像度がやや落ちます。

図表1-16 | 各チャンネルの特性

| 波長
（μm） | ひまわり8号・9号 | | | | 想定される内容例 |
| | バンド番号 | 水平解像度
（km） | 中心波長（μm） | | |
			ひまわり8号	ひまわり9号	
0.47	1	1	0.4763	0.47059	植生、エーロゾル、カラー合成画像
0.51	2	1	0.51	0.50993	植生、エーロゾル、カラー合成画像
0.64	3	0.5	0.63914	0.63972	植生、下層雲・霧、カラー合成画像
0.86	4	1	0.8567	0.85668	植生、エーロゾル
1.6	5	2	1.6101	1.6055	雲相判別
2.3	6	2	2.2568	2.257	雲粒有効半径
3.9	7	2	3.8853	3.8289	下層雲・霧、自然火災

波長 （μm）	ひまわり8号・9号				想定される内容例
	バンド番号	水平解像度 (km)	中心波長 （μm）		
			ひまわり8号	ひまわり9号	
6.2	8	2	6.2429	6.2479	上層水蒸気
6.9	9	2	6.941	6.9555	上中層水蒸気
7.3	10	2	7.3467	7.3437	中層水蒸気
8.6	11	2	8.5926	8.5936	雲相判別、SO_2
9.6	12	2	9.6372	9.6274	オゾン全量
10.4	13	2	10.4073	10.4074	雲画像、雲頂情報
11.2	14	2	11.2395	11.208	雲画像、海面水温
12.4	15	2	12.3806	12.3648	雲画像、海面水温
13.3	16	2	13.2807	13.3107	雲頂高度

※水平解像度は、衛星直下点での解像度
※出典：気象庁

▌学習のポイント

- 気象衛星観測の概要については、気象衛星ひまわりの位置、10分おきに観測されていること、主に窓領域の波長帯を使っていること、各チャンネルの特徴などの基本事項の整理をしておく。

- 気象衛星は、赤道の上空約36000kmに位置する静止衛星である。日本の気象衛星ひまわりは、東経140.7°に位置している。

- 運用中の気象衛星ひまわり9号・ひまわり8号（バックアップ機）には、可視センサー3基、近赤外センサー3基、赤外センサー10基のセンサーが搭載されている。

- 水平分解能（解像度）は、観測可能な最小範囲（衛星の直下で観測できる最小範囲）を示し、可視センサーでは最も良いもので0.5km、赤外センサーでは2km（近赤外センサーには1kmのものもある）になっている。日本付近での分解能は、衛星直下よりもやや劣っている。

- 気象衛星ひまわりによる観測では、全球観測のほかに、2.5分ごとに日本域を観測する。台風が接近するような場合は、場所を決めて2.5分ごとに行うことがある（機動観測）。

▍理解度チェック

演習問題

日本の気象衛星の特徴について述べた次の文（a）～（d）の正誤について正しいものを、下記の①～⑤の中から1つ選べ。

（a）アメダスや気象レーダー観測とデータを重ね合わせて、降水域等の監視はできない。

（b）ひまわり9号に搭載された16台のセンサー（チャンネル）により観測が行われている。

（c）北緯0°・東経140.7°の高度約36000kmに打ち上げられている。

（d）10分おき、日本近郊は2.5分おきに観測する。

① （a）のみ誤り

② （b）のみ誤り

③ （c）のみ誤り

④ （d）のみ誤り

⑤ すべて正しい

解説と解答

（a）アメダス（AMeDAS）や気象レーダー観測とデータを重ね合わせることにより、降水域などの監視が可能になる。気象レーダーなどの探知範囲外にある擾乱の接近や発達を監視することもできる。

（b）ひまわり9号に搭載された16台のセンサー（チャンネル）により、観測が行われている。

（c）日本の気象衛星は、北緯0°・東経140.7°の高度約36000kmに打ち上げられている。

（d）気象衛星観測は、10分おき、日本近郊は2.5分おきに行われる。

解答：① （a）のみ誤り

7 気象衛星画像による雲形判別

地表から雲までの距離と、気象衛星から雲までの距離を比較すると、地表

から雲までの距離のほうが**短い**です。このため、地上気象観測によって観測される雲形と、気象衛星画像から判別可能な雲形とは異なります。

　気象衛星画像で判別可能な雲形は**7種**で、上層雲（Ci）と中層雲（Cm）はそれぞれ**1種類**に、下層雲は**層雲または霧**（St）、**層積雲**（Sc）、**積雲**（Cu）の3種類に分類されます。ほかに、積乱雲（Cb）と雄大積雲（Cg）の分類があります。地上気象観測では、出現高度による分類を**雲底高度**によって行いますが、気象衛星観測では、**雲頂高度**によって上層雲（400hPa以上）、中層雲（400〜600hPa）、下層雲（600hPa未満）に分類します。積乱雲と雄大積雲は中・上層の高度に発達しますが、出現高度による分類は行われません。

図表1-17｜雲形判別ダイアグラム

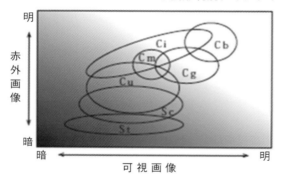

Ci ：上層雲
Cm：中層雲
St ：層雲または霧
Sc ：層積雲
Cu ：積雲
Cg ：雄大積雲
Cb ：積乱雲

※出典：気象庁

┃ 学習のポイント

● 気象衛星画像による雲形判別では、雲形判別ダイアグラムから、積乱雲は可視画像・赤外画像ともに明るく写り、層雲または霧は可視画像ではやや暗く写り、赤外画像では暗く写るなど、それぞれの雲形を読み取れることが必須。

● 可視画像と赤外画像の特徴が理解できていれば、雲形判別（出現高度や雲の厚さ）の手助けになる。

● 雲の名称とあわせて、それぞれの雲の赤外画像と可視画像の輝度につい

て、積乱雲は可視・赤外とも明るい、層雲は可視でやや暗く、赤外では暗いなどの違いを理解しておく。

▌理解度チェック

（演習問題）

　気象衛星画像による雲形判別について述べた次の文（a）～（d）の正誤の組み合わせとして正しいものを、下記の①～⑤の中から１つ選べ。

（a）積乱雲（Cb）は一般に可視画像、赤外画像ともに明るく写る。

（b）層雲または霧（St）は一般に可視画像、赤外画像ともに暗く写る。

（c）上層雲（Ci）は一般に可視画像では暗い灰色から明るい灰色で映るが、赤外画像では比較的明るく写る。

（d）気象衛星画像で判別可能な雲形は10種類である。

	(a)	(b)	(c)	(d)
①	正	正	誤	誤
②	正	誤	正	誤
③	誤	正	誤	正
④	正	正	正	誤
⑤	誤	誤	誤	正

（解説と解答）

（a）積乱雲（Cb）は、一般に可視画像、赤外画像ともに明るく写る。

（b）層雲または霧（St）は一般に可視画像で暗い灰色から明るい灰色で写ることが多く、赤外画像で暗く写ることが多い。なお、霧は厚さにもよる。

（c）上層雲（Ci）は一般に可視画像では暗い灰色から明るい灰色で映るが、赤外画像では比較的明るく写る。

（d）気象衛星画像で判別可能な雲形は７種類である。

解答：② （a）正 （b）誤 （c）正 （d）誤

①可視画像

　可視画像は、雲や地表面で**反射**した太陽光の強弱を画像化したものです。反射率が**大きい物質ほど明るく**表示されるため、雲の厚さが**厚いほど明るく**見えます。最も暗く表示されるのは**海洋**で、地面はそれよりもやや明るく表示されます。積雪は**明るく（白く）**表示され、黄砂も表示されることがあります。

　層状雲は雲頂の表面が滑らかに見えますが、**対流雲**は表面に凹凸ができ粗く見えます。**雲頂高度**の高い雲は低い雲に影を落とすため、高さの異なる雲が混在する場合、雲の高さを比較できることがあります。

図表1-18 ｜ 可視画像

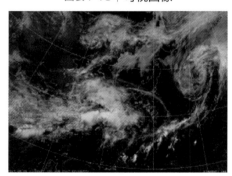

※いわゆる人の目で見た画像
※出典：気象庁

②赤外画像

　赤外画像は、**赤外放射量**を画像化したものです。ステファン・ボルツマンの法則により、放射量（放射強度）は物質の**表面温度**によって決まるため、これを利用します。海水面などの温度が高い領域は**暗く（黒く）**表示され、**積乱雲**や厚い上層雲などの**雲頂温度**の低い領域は**明るく（白く）**表示されます。

　赤外画像は、可視画像とは異なり、昼夜による表示の差がほとんどありま

せん。放射量から**雲頂温度**が識別できることにより、気温の鉛直分布がわかれば雲頂高度を見積もることができます。晴天時には、地表面や**海面**の温度を測定することができます。

図表1-19｜赤外画像

※温度の低いものほど明るく写るため、高層の雲がよくわかる。
※出典：気象庁

③水蒸気画像

　水蒸気画像は、バンド8（赤外）センサーによる観測を可視化したものです。水蒸気画像も赤外領域の波長帯で観測を行っているため、雲頂温度が低いほど明るく（白く）表示されます。ただし、水蒸気による吸収が大きい（多い）波長帯を利用しているため、地表面や下層からの放射は、中層・上層の水蒸気によって吸収されて観測されなくなります。水蒸気の絶対量が少ない中層・上層の放射（水蒸気による再放射）は、観測が可能です。また、水蒸気がその高度の温度を反映するため、中層・上層に水蒸気が多いほど、**明るく（白く）**表示されます。

　なお、大気の中層・上層の乾燥している領域を示す**暗域**と、湿潤または雲頂高度の高い雲の領域を示す**明域**の分布や変化から、上空の気圧の谷の深まりや高気圧の強まり、**ジェット気流**の位置を識別できます。

図表1-20 ｜ 水蒸気画像

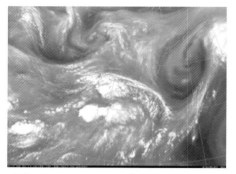

※画像でありながら風の流れ（ジェット気流）がわかる。
※出典：気象庁

④差分画像

　バンド13（10.4μm）センサーは、可視画像とは反対に、反射率が高いほど暗く（黒く）表示され、反射率が低いほど明るく（白く）表示するようになっています。バンド7（3.9μm）センサーの輝度温度からバンド13（10.4μm）センサーの輝度温度を差し引いた差分画像を利用すると、夜間の層雲や霧が容易に判別できます。

⑤トゥルーカラー再現画像

　トゥルーカラー再現画像は、ひまわり8号・ひまわり9号の可視、近赤外及び赤外などの衛星によって観測された画像を、人の目で見たような画像に再現して表示しています。雲以外に、海氷、黄砂、火山灰、山火事などの煙も観測・監視することができます。

⑥雲頂強調画像

　雲頂強調画像は、日中の領域は可視画像を表示し、夜間の領域は赤外画像を表示し、その上に雲頂高度が高い雲のある領域を色付けした画像です。特に、雲頂高度が高い領域は、赤味がかって表示し、赤味がかった領域には積乱雲が含まれている可能性があります。

学習のポイント

● 気象衛星画像、特に、可視画像、赤外画像、水蒸気画像のそれぞれの特徴を理解しておく。

● 可視画像は、雲や地物による可視光線の反射強度を画像化したものである。反射強度の大きいものほど明るく（白く）表示されるため、厚みのある雲ほど明るくなる。最も厚みのある雲は積乱雲であり、次いで、下層雲、中層雲、上層雲となる。ただし、濃密な上層雲は、積乱雲と同じくらい明るい。このため、雲頂の表面状態や雲の分布を手がかりに、積乱雲であるか濃密な上層雲であるかを判別する。

● 可視画像は、反射強度の大きい雪や氷も明るく表示されるが、過去の画像と比較した場合に移動や変化があるか（速いかどうか）によって、雲と積雪・氷を区別する。

● 赤外画像は、赤外放射の強度を画像化したものである。放射強度が小さいものほど明るく（白く）写るため、温度の低い上層の雲ほど明るくなる。

● 水蒸気画像は、水蒸気による吸収の大きい波長帯を観測した結果である。中層以上の大気の水蒸気量を反映し、水蒸気量が多いほど放射強度が小さくなるため、明るく表示される。水蒸気量が少なければ、下層からの放射を透過するため、相対的に放射強度が大きくなり、暗く表示される。

● 水蒸気画像は、強風軸の解析や上層渦の解析などにも利用される。

● バンド7（3.9 μm）センサーは、日中と夜間で写り方が変わる。日中の画像は可視画像に近いが、雪・氷は暗く表示される。夜間の画像は赤外画像に近いが、赤外画像に比べて下層雲が明るく表示される特徴がある。

● 赤外観測は、異なる波長帯を観測する2つのセンサーが用いられることから、輝度温度の差を取った差分画像が作成されている。

理解度チェック

(演習問題)

気象衛星画像の利用について述べた次の文（a）～（d）の正誤について正しいものを、下記の①～⑤の中から1つ選べ。

(a) 赤外画像では温度の低い領域ほど明るく（白く）表示される。

第1編

第2編

学科専門試験対策

第3編

（b）水蒸気画像では大気中・上層の水蒸気量が多いほど放射強度が大きく
　　なるため、明るく（白く）表示される。

（c）バンド7（3.9μm）センサーの差分画像は夜間の霧が判別できる。

（d）トゥルーカラー再現画像は、人間の目で見たような色を再現した衛星
　　画像である。

① （a）のみ誤り

② （b）のみ誤り

③ （c）のみ誤り

④ （d）のみ誤り

⑤ すべて正しい

解説と解答

（a）赤外画像では、温度の低い領域ほど明るく表示される。

（b）水蒸気画像では、大気中・上層の水蒸気量が多いほど放射強度が小さ
　　くなるため、明るく表示される。

（c）バンド7（3.9μm）センサーの差分画像は、夜間の霧が判別できる。

（d）トゥルーカラー再現画像は、人間の目で見たような色を再現している。

解答：② （b）のみ誤り

9 気象衛星画像の利用②

　図表1-21のaは、トランスバースラインです。トランスバースラインは、
気流の向きに直交する波状の雲列です。ジェット気流に沿って発達し、80kt
（ノット）以上の風に対応します。この雲の付近では、乱気流が発生しやす
いです。

　図表1-21のbは、雲バンドです。雲バンドは、前線に伴う多層構造また
は対流雲の帯状の雲域です。雲域の幅が緯度1°以上、幅と長さの比率1：4
以上が目安になっています。

図表1-21 | トランスバースラインと雲バンド

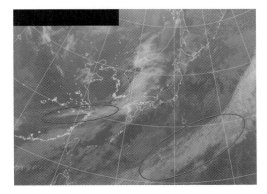

　図表1-22のcは、シーラスストリークです。シーラスストリークは、気流の向きに平行する細い筋状の雲列です。上層のジェット気流などに沿って出現します。

図表1-22 | シーラスストリーク

　図表1-23のdは、フックパターンです。フックパターンは、発達中の雲域の北縁が高気圧性の曲率を示す一方で、南西側に低気圧性の曲率を示す雲パターンです。**図表1-23**×の付近をフックといいます。
　この雲パターンは、雲域の後面から寒気が流入していることを示します。

なお、×より北に広がり、高気圧性曲率を持って膨らんでいる雲、または、膨らむ現象をバルジといいます。

図表1-23のeは、CDO（Central Dense Overcast）です。CDOは、台風の中心付近で積乱雲（Cb）の集合により形成される、雲頂の滑らかな円形の雲域です。台風の発達期に形成され、台風強度を見積もる指標になっています。

図表1-23 ｜ フックパターンとCDO

図表1-24のfは、筋状雲です。筋状雲は、積雲（Cu）、雄大積雲（Cg）などから構成され、下層の風向に沿って発達する複数の雲列です。風向の鉛直シアが小さく、風の強い場所に発達します

図表1-24のgは、クローズドセルです。クローズドセルは、多角形をした層積雲（Sc）で構成される、海上の雲パターンです。風向・風速の鉛直シアが小さく、気温と海面水温の差が小さい場所に発達します。寒気の流入が弱い場合や、流入した寒気が弱まった場合に、オープンセルから変化することがあります。

図表1-24のhが、オープンセルです。オープンセルは、海面水温と気温の差が大きい海上で発達する、リング状またはU字状の雲パターンです。風向・風速の鉛直シアが小さい場合に出現し、鉛直シアが大きい場合は出現しません。この雲パターンは、発達した低気圧の後面に流入する寒気の強さを推定する指標になります。

図表1-24 | 筋状雲・クローズドセル・オープンセル

　図表1-25のⅰは、ドライスロットです。ドライスロットは、発達中の低気圧の中心に向かう後面（寒気側）からの乾燥した気流です。低気圧の中心に向かって巻き込んだ細長い筋状の暗域です。可視画像では、雲がほとんどない晴天域または下層雲域を示しています。

図表1-25 | ドライスロット

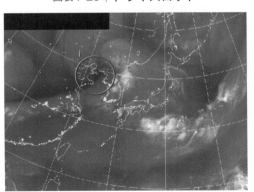

▌学習のポイント

● 代表的な雲パターンを気象衛星画像から判断する。

● 可視画像、赤外画像、水蒸気画像のそれぞれに特徴的な雲のパターンは、

擾乱の盛衰とも関係が深いため、基本事項として理解しておく。

演習問題

　図は、ある日の気象衛星画像と同時刻の天気図（4図とも日本時間の午前9時）で、それぞれ　ア.可視画像、イ.赤外画像、ウ.水蒸気画像、エ.地上天気図である。4つの図を用いて、次の文（a）～（d）の正誤について正しいものを、下記の①～⑤の中から1つ選べ。

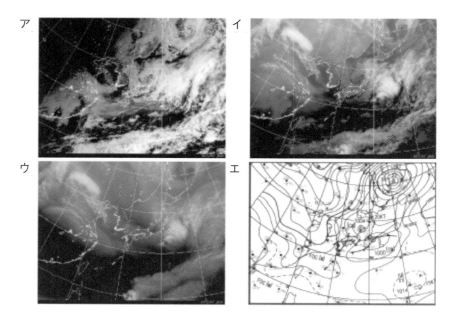

(a) 関東南東の海上には、下層の雲（背の低い雲）が見られる。

(b) 東日本の南海上の北緯30～32°付近には、発達した雲（背の高い雲）が見られる。

(c) 発達した雲が存在するところは、対流圏中上層の水蒸気が少ない。

(d) 水蒸気画像で台湾付近に見られる領域は、暗域と呼ばれる。

	(a)	(b)	(c)	(d)
①	正	正	誤	誤
②	正	誤	正	誤
③	誤	正	誤	正
④	誤	誤	正	誤
⑤	誤	誤	誤	正

解説と解答

(a) 関東南東の海上には、可視画像・赤外画像ともに、明るく写っているの発達した雲（背の高い雲）が見られる。

(b) 東日本の南海上の北緯30～32°付近には、可視画像では灰色～明灰色、赤外画像では暗く写っているため、下層の雲（背の低い雲）が見られる。

(c) 発達した雲が存在するところは、対流圏中上層の水蒸気が多い。

(d) 水蒸気画像で台湾付近に見られる領域は、暗域と呼ばれる。

解答：⑤　(a) 誤　(b) 誤　(c) 誤　(d) 正

2 数値予報

1 数値予報概説

大気や海洋の物理化学法則を用いて将来の状態を予測する手法を、**数値予報**といいます。数値予報を表現するためのプログラム（計算方式）を、**数値予報モデル**といいます。数値予報モデルは、大気や海洋を、水平方向および鉛直方向に**格子状**に区切り、それぞれの**格子点上**の仮想的な地点の気温や風などについて、将来の状況を予測するものです。

数値予報に用いられる大気の運動に関する方程式は、**流体の運動方程式**（ニュートンの力学第二法則）、**熱力学方程式**（熱力学の第一法則）、気体の**状態方程式**、質量保存則、水蒸気量保存則です。

数値予報を行うには、まず、大気の現状（観測値）を取り込みます。第一段階として、誤データの検出や修正・削除などの**品質管理**を行います。第二段階として、品質管理されたデータから格子点上の値を計算する**客観解析**を行います。ここまでが、数値予報モデルの運用のための準備段階です。

数値予報は、準備段階で求められた**解析値（初期値）**から、物理方程式を解くことによって行い、最終的に、予測支援資料として**GPV（格子点値）**の出力や**予報ガイダンス**の作成に使われます。

図表2-1 | 数値予報の過程概要

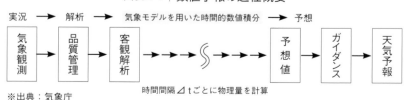

※出典：気象庁

数値予報は、気象モデルを用いた時間的数値積分ですが、各種観測データ

の品質管理、客観解析、数値積分（数値計算）、予想値の出力までの一連の過程を指す場合があります。なお、観測データは時間的・空間的に不均一のため、数値予報の予測値は観測データが入るたびに物理的な整合性を保ちながら修正されます。これを**データ同化**といい、気象庁は、全球モデルやメソモデルに**4次元変分法**を用いています。

図表2-2 | 気象に関する数値予報モデルの概要

数値予報システム（略称）	モデルを用いて発表する予報	予報領域と格子間隔	予報期間（メンバー数）	実行回数（初期値の時刻）
局地モデル（LFM）	航空気象情報 防災気象情報 降水短時間予報	日本周辺2km	18時間	1日8回 （00、03、06、09、12、15、18、21UTC）
			10時間	1日16回 （00、03、06、09、12、15、18、21UTC以外の毎正時）
メソモデル（MSM）	防災気象情報 降水短時間予報 航空気象情報 分布予報 時系列予報 府県天気予報	日本周辺5km	39時間	1日6回 （03、06、09、15、18、21UTC）
			78時間	1日2回 （00、12UTC）
全球モデル（GSM）	台風予報 分布予報 時系列予報 府県天気予報 週間天気予報 航空気象情報	地球全体約13km	5.5日間	1日2回 （06、18UTC）
			11日間	1日2回 （00、12UTC）
メソアンサンブル予報システム（MEPS）	防災気象情報 航空気象情報 分布予報 時系列予報 府県天気予報	日本周辺5km	39時間 （21メンバー）	1日4回 （00、06、12、18UTC）

数値予報 システム（略称）	モデルを用いて 発表する予報	予報領域と 格子間隔	予報期間 （メンバー数）	実行回数 （初期値の時刻）
全球アンサンブル予報システム（GEPS）	台風予報 週間天気予報 早期天候情報 2週間気温予報 1か月予報	地球全体18日先まで約27km 地球全体18〜34日先まで約40km	5.5日間 （51メンバー）	1日2回 （06、18UTC）
			11日間 （51メンバー）	1日2回 （00、12UTC）
			18日間 （51メンバー）	1日1回 （12UTC）
			34日間 （25メンバー）	週2回（12UTC 火・水曜日）
季節アンサンブル予報システム（季節EPS）	3か月予報 暖候期予報 寒候期予報 エルニーニョ監視速報	地球全体大気 約55km・海洋約25km	7か月 （5メンバー）	1日1回 （00UTC）

※出典：気象庁

　数値予報モデルのうち、鉛直方向の運動方程式に静力学近似を用いるものを、**プリミティブモデル**といい、静力学近似を用いないものを**非静力学モデル**といいます。全球モデルはプリミティブモデル、メソモデルと局地モデルは非静力学モデルです。

▍学習のポイント

● 数値予報の概要や、気象観測されたデータが品質管理を介し、客観解析された後、予想値が算出され、ガイダンスを経て、天気予報が発表されるという基本的な手順を整理しておく。

● 数値予報は、物理化学法則に基づいて将来の大気の状態を予測する手法をいう。そのための計算式群が数値予報モデルである。数値予報では、気象官署やアメダス観測地点の気象の状態を予測するのではなく、地球大気を格子状に区切り、交点（格子点）上の大気の状態を予測する。

● 数値予報に用いられる物理法則（支配方程式）は、プリミティブ方程式と呼ばれる。プリミティブ方程式は、基本的な熱力学方程式、力学方程式な

どで構成される。

● 数値予報の過程は、観測データの収集に始まり、結果の出力に終わる。気象観測データが集まると、そのデータの誤差修正や不要データの削除などの品質管理が行われる。品質管理されたデータは、3次元に配置された格子点の値に客観的に変換される（客観解析）。客観解析されたデータは、解析値または初期値と呼ばれる。

● 数値予報では、最終的に物理量が格子点値として出力される。

● 観測データを数値予報モデルに取り込むことを、データ同化という。気象庁では、全球モデルやメソモデルのデータ同化に4次元変分法を用いている。局地モデルは、3次元変分法を用いている。

● 主な数値予報モデルのうち、最低でも全球モデル、メソモデル、局地モデルは抑えておく。

理解度チェック

（演習問題）

　数値予報を行う過程について述べた次の文中の空欄 (a) 〜 (d) に入る語句の組み合わせとして正しいものを、下記の①〜⑤の中から1つ選べ。

　数値予報を行うには、まず大気の現状（観測値）を取り込むが、第一段階として、誤データの検出や修正・削除などの (a) を行う。第二段階として、(a) されたデータから格子点上の値を計算する (b) を行う。ここまでが、数値予報モデルの運用のための準備段階である。

　数値予報は、こうして求められた (c) から物理方程式を解くことによって行われ、最終的に予測支援資料としてGPV（格子点値）の出力や (d) の作成に使われる。

① (a) 客観解析　　　(b) 品質管理　　　(c) 予報ガイダンス
　 (d) 品質管理

② (a) 解析値（初期値）(b) 客観解析　　　(c) 予報ガイダンス
　 (d) 品質管理

③ (a) 品質管理　　　(b) 予報ガイダンス　(c) 解析値（初期値）
　 (d) 客観解析

④ （a）客観解析　　　　（b）予報ガイダンス　　（c）品質管理
　　（d）解析値（初期値）
⑤ （a）品質管理　　　　（b）客観解析　　　　（c）解析値（初期値）
　　（d）予報ガイダンス

解説と解答

　数値予報を行うには、まず、大気の現状（観測値）を取り込む。第一段階として、誤データの検出や修正・削除などの品質管理を行う。第二段階として、品質管理されたデータから格子点上の値を計算する客観解析を行う。ここまでが、数値予報モデルの運用のための準備段階である。

　数値予報は、こうして求められた解析値（初期値）から物理方程式を解くことによって行われ、最終的に予測支援資料としてGPV（格子点値）の出力や予報ガイダンスの作成に使われる。

解答：⑤ （a）品質管理　　（b）客観解析　　（c）解析値（初期値）
**　　　　　（d）予報ガイダンス**

2 数値予報の特性

　数値予報には、利用に注意するべき次のような特性があります。

①特性1

　数値予報モデルで再現できる現象は、格子間隔（分解能）の**5～10倍（5～8倍ともいわれる）以上**の現象です。この現象より小さい現象は、モザイクがかかった画像のように全部または一部が平均化されるため、表現が難しくなります。また、格子間隔より小さい現象は、格子間隔に平均化されるため、表現できません（**図表2-3**）。

図表2-3 │ 数値予報モデルの分解能特性

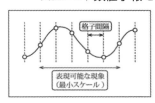

※出典：気象庁

　なお、分解能より小さい現象でも、実際に気象状況に大きく影響する現象は、規定の値として取り込まれる場合があります。分解能より小さいスケールの現象を物理量として数値予報モデルに取り込む過程を、**パラメタリゼーション**といいます。積雲対流や大気境界層の現象は、パラメタリゼーションによって物理量として取り込まれています（**図表2-4**）。指数化して取り込まれるため、精度は劣りますが、現象を無視して数値計算を行うより精度が向上します。

図表2-4 │ パラメタリゼーションで取り込む物理量

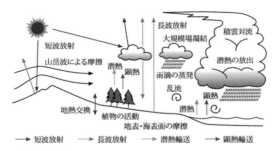

※出典：気象庁

②特性2

　数値予報モデルでは、格子間隔に応じて平滑化された地形データが用いられています。格子間隔の広い数値予報モデルほど平滑化の程度が大きいため、地形の影響を受けやすい現象は十分に**表現できません**。山地などでは、実際の標高との差が大きくなる傾向にあります。

図表2-5 | 数値予報モデル

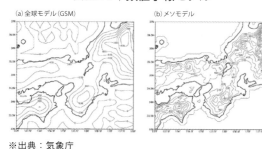

(a) 全球モデル (GSM)　(b) メソモデル

※出典：気象庁

③特性3

客観解析されたデータは、品質管理によってほとんどの誤差が取り除かれていますが、誤差の残る場合があります。大気の支配方程式は、直線的な変化をしない非線形であるため、予測時間が進むにつれて、**誤差が大きくなる**場合があります。

④特性4

メソモデルや局地モデルなどの領域モデルでは、領域外の現象を表現することができないため、より大きいスケールのモデルのデータを**境界条件**として取り込んでいます。境界条件は、取り込む元になるモデルの精度の影響を受けますが、影響の程度は予測時間が進むほど大きくなります。

⑤特性5

数値予報モデルで出力される物理量は、格子点内または格子点周辺を代表する値（平均的な値）であるため、気象官署やアメダス観測地点での物理量を表すものではありません。このため、数値予報の予報値と実際の気象官署などの観測結果は、厳密には一致しません。

単一の数値予報モデルでは、十分な精度が得られない場合でも、わずかな誤差を加えた初期値を複数用意し、それぞれについて数値予報計算を行った結果を統計処理すれば、一定の精度が確保できます。このように、わずかな誤差を加えた初期値からの数値予報結果を用いて平均や偏りを求める予報の手法を、**アンサンブル数値予報**といいます。

　アンサンブル数値予報では、予測結果のばらつきから予報の**信頼度**情報が得られるほか、予測結果の偏りから「多い、平年並、少ない」などの出現する**確率**情報が得られます。

▌学習のポイント

- ●数値予報の特性は、予測結果を左右する事項である。数値予報は、格子点より十分に大きい現象でないと表現できないこと、分解能より小さい現象を取り込む過程（パラメタリゼーション）が行われていること、地形による誤差があること、時間とともに誤差が大きくなることなど基本的な部分について十分理解しておく。

- ●数値予報モデルは、分解能が高いほど（格子間隔が狭いほど）現象の再現性が良いが、その分、計算に時間がかかる。このため、計算機の性能に応じた解像度で計算することになる。また、現象の再現性が高くなるのは、分解能に対して十分に大きい現象である。これには、最低でも分解能の5〜8倍のスケールが必要である。

- ●分解能以下の現象のすべてを無視してしまうと、スケールの大きな現象でも十分な精度で再現することができないため、分解能に満たない現象を指数化して取り込む必要がある。その過程がパラメタリゼーションであり、ある程度は分解能以下の現象の効果を加味することができる。パラメタリゼーションは、プリミティブモデルでも非静力学モデルでも行われている。

- ●地形データと実地形のずれや、初期値に含まれる誤差は、その後の予測に大きく影響する。特に、初期値に含まれる誤差は、予測時間の進行とともに拡大し、より大きなスケールの現象を生み出す場合がある。

- ●領域モデルでは、領域外の物理量を境界条件として取り込んでいる。境界条件には、予測対象範囲が広いモデルのデータを用いる。日本では、局地モデルの境界条件にメソモデルが用いられ、メソモデルの境界条件に全球モデルのデータが用いられている。

- ●アンサンブル数値予報は、数値予報の予測限界を延長する手法である。初期値を変えて数値予報を行うことによって複数の予報値が得られることから、統計的な分散（信頼度）、出現確率の情報を求められる。

　数値予報の特徴について述べた次の文（a）〜（d）に入る語句の組み合わせとして正しいものを、下記の①〜⑤の中から1つ選べ。

　数値予報モデルは、分解能が（a）ほど現象の再現性が良いが、その分、計算に時間がかかる。また、現象を再現するためには、分解能に対して最低でも（b）倍のスケールが必要である。

　ただ、分解能以下の現象のすべてを無視してしまうと、スケールの大きな現象でも十分な精度で再現することができないため、分解能に満たない現象を指数化して取り込む必要がある。その過程が（c）であり、これによって、ある程度は分解能以下の現象の効果を加味することができる。（c）は、プリミティブモデルおよび非静力学モデルにおいては、（d）。

① （a）高い　　（b）5〜8　　（c）パラメタリゼーション
　 （d）どちらも行っている

② （a）低い　　（b）5〜8　　（c）品質管理
　 （d）非静力学モデルのみ行っている

③ （a）高い　　（b）5〜8　　（c）品質管理
　 （d）プリミティブモデルのみ行っている

④ （a）低い　　（b）1〜4　　（c）品質管理
　 （d）非静力学モデルのみ行っている

⑤ （a）高い　　（b）1〜4　　（c）パラメタリゼーション
　 （d）プリミティブモデルのみ行っている

　数値予報モデルは、分解能が高いほど（格子間隔が狭いほど）現象の再現性が良いが、その分、計算に時間がかかる。また、現象を再現するためには、分解能に対して最低でも5〜8倍のスケールが必要である。

　分解能以下の現象のすべてを無視してしまうと、スケールの大きな現象でも十分な精度で再現することができないため、分解能に満たない現象を指数化して取り込む必要がある。その過程がパラメタリゼーションであり、ある

程度は分解能以下の現象の効果を加味することができる。パラメタリゼーションは、プリミティブモデル・非静力学モデルのどちらも行っている。

解答：①　(a) 高い　(b) 5〜8　(c) パラメタリゼーション
**　　　(d) どちらも行っている**

3　解析予報サイクルと客観解析

　数値予報では、前回の数値予報によって得られた予報値（**第一推定値**）を、実際の観測データによって修正することで解析値を求め、これを**初期値**としています。このように、客観解析と予報を順次繰り返して行うことを、**解析予報サイクル**といいます。また、解析予報サイクルでの観測データの取り込みを、**データ同化**といいます。

　客観解析では、第一推定値と観測値に大きなずれが生じている場合があり、この場合、観測データは解析に**用いられません**。また、周囲の観測データと大きく値が異なるような観測データは、品質に問題があるとして用いられません。客観解析では、第一推定値と観測値のそれぞれに見込まれる誤差の大きさを考慮して、**格子点ごとに**最適な値が解析値として求められています。

　気象現象は、季節によって大きく変化するため、季節変化は数値予報の精度に大きく影響します。一般に、**冬季は夏季に比べて予報誤差が成長しやすい**ため、解析値の精度は、年間を通して一様にはなっていません。

▌学習のポイント

●一定時間ごとに観測データを取り込んで解析値を求めて予報を行うという繰り返しを、解析予報サイクルという。解析の元になるデータは、前回の数値予報の結果と、実際の観測結果である。両者が近い値であれば、それらを合成した値を元に数値予報を行うことで、数値予報モデルの精度が維持・向上できる。

●第一推定値と観測データが大きく異なる場合に上記の合成を行うと、モデルが大きく修正されることになり、その後の予報の揺らぎが大きくなる。これを避けるため、第一推定値と観測データの間に一定以上のずれがある

場合、観測データを取り込まずに第一推定値を解析値とすることで、徐々にモデルの精度を向上させている。

● 客観解析で観測データを取り込むことを、データ同化という。データ同化には、4次元変分法（局地モデルは3次元変分法）が用いられている。4次元変分法では、前回の数値予報の初期時刻から今回の数値予報の初期時刻までの観測値を取り込める特徴があり、数値予報精度の向上が期待できる。

● 数値予報で出力される物理量は、すべて格子点での値であり、格子点周辺の平均値や代表値である。

● 数値予報精度の季節変化は、気象現象の季節変動の影響を受ける。冬季は夏季に比べて温度傾度が大きいためにジェット気流が強く、現象の進行速度が速くなる。このため、予報値と観測値の差（予報誤差）が大きくなりやすく、数値予報の精度が相対的に低くなる。

▌理解度チェック

（演習問題）

　解析予報サイクルと客観解析について述べた次の文（a）～（d）に入る語句の組み合わせとして正しいものを、下記の①～⑤の中から1つ選べ。

　数値予報においては、前回の数値予報によって得られた予報値のことを（a）といい、（a）を実際の観測データによって修正することで解析値を求め、これを（b）として数値予報を行っている。このように、客観解析と予報を順次繰り返して行うことを（c）という。また、（c）における観測データの取り込みが（d）である。

① （a）観測データ　（b）数値予報　（c）解析予報サイクル
　　（d）解析予報サイクル

② （a）観測データ　（b）初期値　（c）解析予報サイクル
　　（d）データ同化

③ （a）観測データ　（b）初期値　（c）データ同化
　　（d）解析予報サイクル

④ （a）第一推定値　（b）初期値　（c）解析予報サイクル
　　（d）データ同化

⑤ (a) 第一推定値　(b) 数値予報　(c) データ同化
　　(d) 解析予報サイクル

解説と解答

　数値予報では、前回の数値予報によって得られた予報値のことを第一推定値といい、第一推定値を、実際の観測データによって修正することで解析値を求め、これを初期値としている。

　客観解析と予報を順次繰り返して行うことを、解析予報サイクルという。また、解析予報サイクルでの観測データの取り込みを、データ同化という。

解答：④ (a) 第一推定値　(b) 初期値　(c) 解析予報サイクル
　　　　(d) データ同化

4　天気予報ガイダンス

　数値予報で出力される値は、格子点付近を代表または**平均した値**です。物理量として出力されるため、**天気は直接予測されません**。さらに、格子点間隔より小さいスケールの現象や**地形の効果**が、十分に反映されていません。こうしたことから、数値予報から実際の天気予報への翻訳が必要になり、一般に天気翻訳といいます。天気翻訳によって出力される天気情報が、**天気予報ガイダンス**です。

　気象庁で用いられている天気予報ガイダンスの作成手法には、**カルマンフィルター**と**ニューラルネットワーク**があります。カルマンフィルターは、主にGPV（格子点値）形式の降水ガイダンスやアメダス地点の気温ガイダンス等の作成に用いられています。ニューラルネットワークは、主にGPV（格子点値）形式の天気ガイダンスや気象官署の最小湿度ガイダンス等の作成に用いられています。

　天気予報ガイダンスは、数値予報の結果と**観測値との間の統計的な関係**に基づいて作成されるため、天気予報ガイダンスの精度は、数値予報の**精度の影響を受けます**。

　たとえば、数値予報が放射冷却などによる気温の大きな変化を予測できな

かった場合、その**予報誤差**を天気予報ガイダンスによって**大幅に小さくすることはできません**。数値予報で十分表現できなかった地形の効果は、天気予報ガイダンスに**反映されます**。また、擾乱の遅れ進みや、発達程度の誤差のように、ランダムに発生する数値予報の誤差は、天気予報ガイダンスで**修正できません**。

　カルマンフィルターは、過去の観測値と数値予報結果の統計的な関係を、予報が行われるごと検証し、最適化しながら新しい予報値を計算する手法です。過去のデータの蓄積期間が短くてすみ、現象の再現性が高いですが、梅雨明け前後などの傾向が大きく変化する時期には過剰な修正がかかり、精度が低下します。

　ニューラルネットワークは、脳神経細胞ネットワークをソフトウェアで擬似的に再現する手法です。大量のデータから意味のあるデータを抜き出す場合など、判断基準が変化しやすく定式化が難しい事象に対して有効な手法です。このため、気温、湿度、気圧、雲量などの気象要素が複雑に組み合わされて決まる天気などには、ニューラルネットワークが有効といわれています。

▌学習のポイント

- ●数値予報と天気予報ガイダンスは混同しやすいため、注意する。数値予報で計算した値は、そのまま発表できる形式にはなっていないため、発表できる形式に改めるのが天気予報ガイダンスである。
- ●数値予報による予報値は格子点値であり、格子点付近を代表する値である。これに対し、実際の予報は気象官署やアメダス地点に対して行われる。このため、天気予報ガイダンスでは、予測地点と格子点との間の統計的な関係を求めておくことによって、地形に起因するような現象の影響の効果を、予報に反映させている。
- ●気象庁で用いられている天気予報ガイダンスの作成手法の代表例は、カルマンフィルターとニューラルネットワークである。両者に共通しているのは、学習機能によって、予報が行われるごとに予測式が最適化される点である。

●天気予報ガイダンスの特性は、繰り返し出題されているため、要点整理をしておく。数値予報の弱点のうち、地形的な要因によるもの以外（時空間的な位相のずれ、天気急変時の精度低下、季節的な精度の変動など）は、天気予報ガイダンスでも弱点としてそのまま引き継がれる。

▌理解度チェック

演習問題

　天気予報ガイダンスについて述べた次の文（a）～（d）に入る語句の組み合わせとして正しいものを、下記の①～⑤の中から1つ選べ。

　気象庁で用いられている天気予報ガイダンスの作成手法には、（a）と（b）があり、（a）は主にGPV形式の天気ガイダンス、気象官署の最小湿度ガイダンス等の作成に用いられ、（b）は主にGPV形式の降水ガイダンスやアメダス地点の気温ガイダンス等の作成に用いられている。天気予報ガイダンスは、数値予報の結果と観測値との間の（c）的な関係に基づいて作成される。このため、天気予報ガイダンスの精度は数値予報の（d）の影響を受ける。

① （a）ニューラルネットワーク　（b）カルマンフィルター　（c）位相
　　（d）精度
② （a）カルマンフィルター　（b）ニューラルネットワーク　（c）位相
　　（d）精度
③ （a）カルマンフィルター　（b）ニューラルネットワーク　（c）位相
　　（d）学習機能
④ （a）ニューラルネットワーク　（b）カルマンフィルター　（c）統計
　　（d）精度
⑤ （a）ニューラルネットワーク　（b）カルマンフィルター　（c）統計
　　（d）学習機能

解説と解答

　気象庁で用いられている天気予報ガイダンスの作成手法には、ニューラルネットワークとカルマンフィルターがあり、ニューラルネットワークは、主にGPV形式の天気ガイダンスや気象官署の最小湿度ガイダンス等の作成に

用いられ、カルマンフィルターは、主にGPV形式の降水ガイダンスやアメダス地点の気温ガイダンス等の作成に用いられている。

　天気予報ガイダンスは、数値予報の結果と観測値との間の統計的な関係に基づいて作成されるため、天気予報ガイダンスの精度は、数値予報の精度の影響を受ける。

解答：④ (a) ニューラルネットワーク　(b) カルマンフィルター
**　　　　(c) 統計　(d) 精度**

5 天気予報ガイダンスの特徴

　天気予報ガイダンスの主な特徴は、以下のとおりです。

(1) 天気予報ガイダンスの出力形式

　天気予報ガイダンスの出力形式には、GPV（格子点値）形式と地点形式があります。

- **格子点値形式**：約20km間隔の格子ごとに計算され、3時間卓越天気、3時間降水量、3時間発雷確率、3時間降雪量、6時間降水確率が出力されている。
- **地点形式**：アメダス地点および気象官署ごとに計算される。地形特性が取り込まれているため、利用時に改めて地形的特性を考慮した補正を行う必要はない。気温（最高・最低気温1時間気温）、最小湿度、風向風速が出力されている。

(2) 天気予報ガイダンスの種類

　ニューラルネットワークを用い、全球ガイダンスは約20km、メソガイダンスは5kmの格子間隔で**3時間内**の卓越天気を予測します。**晴れ、曇り、雨、雨または雪、雪**の5カテゴリーに判別され、降水が予測されず日照率が0.5以上の場合は**晴れ**、0.5未満の場合は**曇り**と判別されます。約820の気象官署およびアメダス地点の09〜12時、12〜15時、15〜18時の各3時間日照率を実況値として用い、毎日係数が更新されています。出力結果は数値予報

の精度に依存し、**局地性の強い現象**は、予測不十分な場合があります。

　天気予報ガイダンスには、次のものがあります。

● **気温ガイダンス**：最高・最低気温ガイダンスと気温時系列ガイダンスがある。数値予報の予想最高・最低気温に、**数値予報の誤差**の予想値を加えた値を出力する。この誤差の予想値を予測する計算式を求めるために、カルマンフィルターが用いられている。気温時系列ガイダンスは、最高・最低気温ガイダンスなどから、数値予報の気温時系列予測値を修正している。

● **風ガイダンス**：カルマンフィルターを用い、各地点の風向風速を出力する。格子点値の値を系統的に補正しているため、事例数が少ない強風は予測に反映されにくい。数値予報に比べ、弱めに出力される場合が多いという特性がある。

● **発雷ガイダンス**：ロジスティック回帰式を用いる。全球ガイダンスは、20km格子ごとの発雷確率を計算している。メソガイダンスは、5km格子ごとの発雷確率を計算している。発雷確率は、地表と雲の間で発生する**対地雷撃（落雷）**、または、雲と雲の間で発生する**空間放電**のいずれかが発生する確率を対象としている。

● **降水ガイダンス**：カルマンフィルターを用い、格子内の**3時間降水量の平均値**と、**6時間に1mm以上の降水**が生じる確率を予測する。数値モデルの予測結果だけでなく、ほかの予測因子からのデータを取り込んでいるため、天気予報ガイダンスの降水量予測精度は、数値予報の降水量予測精度より高くなっている。

▌ **学習のポイント**

● 気象庁の発表は、天気予報ガイダンスに基づいている。日々の天気分布予報、時系列予報を含む天気予報に注意していれば、降水確率が何時間を対象にしているかなどは解答しやすい。

● 特に、天気、風、降水、降水確率に関する天気予報ガイダンスについて理解しておく。

演習問題

　天気予報ガイダンスの特徴について述べた次の文（a）（b）の内容として正しいものを、下記の①～⑤の中から1つ選べ。

（a）カルマンフィルターを用いて出力する。格子点値の値を系統的に補正しているため、事例数が少ないものは予測に反映されない。数値予報に比べて弱めに出力される場合が多いという特性がある。

（b）ロジスティック回帰式を用い、全球ガイダンスは20km格子ごとに、メソガイダンスは5km格子ごとに計算をしている。

① （a）発雷ガイダンスの特徴　（b）風ガイダンスの特徴
② （a）風ガイダンスの特徴　（b）発雷ガイダンスの特徴
③ （a）（b）ともに発雷ガイダンスの特徴
④ （a）（b）ともに風ガイダンスの特徴
⑤ （a）（b）ともに降水ガイダンスの特徴

解説と解答

（a）カルマンフィルターを用いて風向風速を出力する。格子点値の値を系統的に補正しているため、事例数が少ない強風は予測に反映されない。数値予報に比べ、弱めに出力される場合が多いという特性がある。これは、風ガイダンスの特徴である。

（b）ロジスティック回帰式を用いる。全球ガイダンスは、20km格子ごとの発雷確率を計算している。メソガイダンスは、5km格子ごとの発雷確率を計算している。これは、発雷ガイダンスの特徴である。

解答：② （a）風ガイダンスの特徴　（b）発雷ガイダンスの特徴

3 長期予報

1 長期予報概説

　予報を行う時点から8日先以後を含む予報を長期予報といい、一般には、季節予報と呼ばれています。

　長期予報には、**1か月予報、3か月予報、暖候期予報（対象期間6〜8月）、寒候期予報（対象期間12〜2月）**があり、それぞれ、全国を対象とした**全般季節予報**と各地方を対象とした**地方季節予報**があります。1か月予報は週に1回、3か月予報は月に1回発表されます。長期予報では、短期予報のような天気、最高・最低気温などの値は予測されず、期間平均的な、**天候、気温、降水量、降雪量**の傾向が予測されます。気温は「高い、平年並、低い」の3階級の出現確率が数値で示され、降水量と降雪量は「多い、平年並、少ない」の3階級の出現確率が数値で示されます。

　長期予報は、主にアンサンブル数値予報に基づいて行われますが、現在の気象の状況と過去の観測データ、**気候値**との**統計的関係**に基づく統計的手法も併用されています。統計的手法は、**予測時間が長くなるほど重視**される傾向にあります。アンサンブル数値予報では、わずかな誤差を加えた初期値を複数用意し、数値予報を計算していきます。その1つの値（初期値）のことをメンバーといいます。アンサンブル予報のメンバー数は、**1か月予報で50、3か月予報・暖候期予報・寒候期予報で51**です。

▍学習のポイント

● 短期予報や中期予報との違いを抑えておく。長期予報では、主に数値予報の初期誤差の成長による予測限界により、日単位の天気や気温、降水量を予測することが困難である。このため、主にアンサンブル手法を用いて傾向を予測している。

● 長期予報では、統計的手法も用いられている。エルニーニョ現象の発現時

には、冷夏や暖冬になりやすいといった統計的なデータがあることから、予測期間が長くなるほど統計的手法が重視されている。

▌理解度チェック

演習問題

長期予報の特徴について述べた次の文（a）～（d）の正誤について正しいものを、下記の①～⑤の中から1つ選べ。

（a）長期予報には1か月予報、3か月予報、暖候期予報、寒候期予報がある。

（b）長期予報は気温・降水量等を3つの階級で予報する。

（c）長期予報は統計的手法が用いられている。

（d）長期予報でのアンサンブル予報のメンバー数は、3か月予報・暖候期予報・寒候期予報で50メンバー、1か月予報で51メンバーである。

① （a）のみ誤り

② （b）のみ誤り

③ （c）のみ誤り

④ （d）のみ誤り

⑤すべて正しい

解説と解答

（a）長期予報には、1か月予報、3か月予報、暖候期予報、寒候期予報がある。

（b）長期予報は、気温は「高い、平年並、低い」の3階級で予報し、降水量は「多い、平年並、少ない」の3階級で予報する。

（c）長期予報は、統計的手法が用いられている。

（d）長期予報でのアンサンブル予報のメンバー数は、3か月予報・暖候期予報・寒候期予報で51メンバー、1か月予報で50メンバーである。

解答：④ （d）のみ誤り

2 長期予報の資料と利用法

長期予報の資料には、主に500hPa高度場の平均天気図が用いられます。

500hPa高度は**対流圏の中層**にあたり、偏西風波動のような**大気の流れを代表**する高度です。500hPa平均天気図には、等高度線のほかに**高度の平年偏差**が描かれています。平年偏差は、平年より500hPa高度が高いか低いかを示すもの（予測値−平年値）であり、通常の季節変化からのずれを表すと考えてよいです。

　500hPa高度の平年偏差（予測値−平年値）がプラスの場合を正偏差といい、平年偏差がマイナスの場合を負偏差といいます。

　正偏差は、静力学平衡の関係から500hPa以下の層の平均気温が高いと、近似的にわかります。このため、地上気温は高めになると予測されます。反対に、負偏差は、地上気温は低めになると予測されます。なお、一般に、天気図では、負偏差領域は網掛けで表現され、正偏差領域は白抜きで表現されます。

　図表3-1の天気図は、500hPa高度予想図の500hPaの高度と高度偏差の予想図です。実線は500hPa高度（間隔60ｍ）、破線は500hPa高度偏差（間隔30ｍ）、陰影部は平年より高度が低い領域を表現しています。

図表3-1｜高度予想図の500hPaの高度と高度偏差の予想図

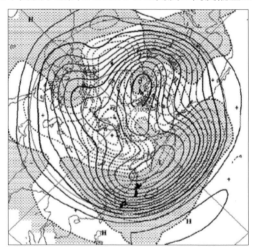

※出典：気象庁

日本を基準に、西側で500hPa高度の平年偏差が低くなっている場合を、**西谷**といいます。西谷の場合、日本付近には南西から**暖かく湿った空気**が流れ込みやすいため、平年に比べて**曇や雨の日が多く**なります。日本を基準に、東側で500hPa高度の平年偏差が低くなっている場合を、**東谷**といいます。東谷の場合、日本付近には**冷たく乾燥した空気**が流れ込みやすいため、寒候期の日本海側を除き、平年に比べて**晴れの日が多く**なります。

　日本の上空で500hPa高度の平年偏差が低くなっている場合を、**日本谷（本邦谷）**といいます。日本谷の場合、**寒気の影響**による短時間強雨、雷、強い雪などの**不安定現象**が発生する可能性が高くなります。500hPa高度の平年偏差が正偏差（プラス）である場合は下層大気の**平均気温が高く**、負偏差（マイナス）である場合は下層大気の**平均気温が低い**です。500hPa高度場と高度偏差の情報を組み合わせることで、低温・寡照・多雨などの天気の傾向を見られます。

図表3-2 | 500hPa等高度線と偏差の天気図

西谷　　　　　　　　　　　東谷　　　　　　　　　　　日本谷（本邦谷）

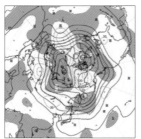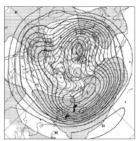

※出典：気象庁

▌学習のポイント

- 500hPa高度場天気図は、平均的な大気の状態を表す天気図であるため、期間を通しての平均的な大気の状態を総合的に表しているといえる。
- 過去の事例から、高度場の平年の状態、高度場と天候の関係などの情報が統計的に求められていることから、予想平均天気図を作成することによって、期間平均的な天気の傾向が予測される。

理解度チェック

演習問題

　図は、500hPa天気図である。図を用いて、次の文章の空欄（a）〜（d）に入る語句の組み合わせとして正しいものを、下記の①〜⑤の中から1つ選べ。なお、天気図は、ある年の8月の500hPa高度・偏差の1か月間の平均図で、高度は60mごとに実線、偏差は30mごとに破線で引かれている。また、負偏差域を陰影域で示してある。

　高度は北日本から東日本にかけては弱い（a）偏差で、寒気や気圧の谷の影響を受け（b）ことを示している。沖縄・奄美と西日本では弱い（c）偏差であり、沖縄・奄美では太平洋高気圧に覆われたが、西日本では太平洋高気圧の縁にあたったため、湿った気流が流れ込み（d）、月前半を中心に曇りや雨の日が多かった。

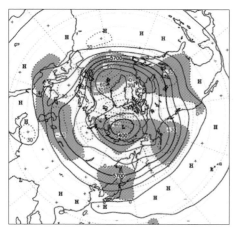

① （a）正　（b）やすかった　（c）正　（d）にくく
② （a）負　（b）にくかった　（c）正　（d）やすく
③ （a）負　（b）やすかった　（c）正　（d）やすく
④ （a）正　（b）にくかった　（c）負　（d）やすく
⑤ （a）負　（b）やすかった　（c）負　（d）にくく

天気図より、500hPaの高度は、北日本から東日本にかけては弱い負偏差で、寒気や気圧の谷の影響を受けやすかったことを示している。沖縄・奄美と西日本では弱い正偏差であり、沖縄・奄美では太平洋高気圧に覆われたが、西日本では太平洋高気圧の縁にあたったため、湿った気流が流れ込みやすく、月前半を中心に曇りや雨の日が多かった。

解答：③　(a) 負　　(b) やすかった　　(c) 正　　(d) やすく

3　長期予報に関係した指標

　大気の大循環の特徴を表す指標を、**循環指数**といいます。偏西風波動の南北振幅を表す**東西指数**、中緯度帯への寒気の南下の程度を示す**中緯度高度指数**、オホーツク海高気圧の強さを示す**オホーツク海高気圧指数**など、多くの指数があります。

　東西指数は、北半球全体または極東域（東経90〜170°）を対象とし、**北緯40°と北緯60°の高度差の大小**で表します。上空の大気（**地衡風**）は等高度線に平行に流れるため、高度差が小さいときは**低指数**、高度差が大きいときは**高指数**になります。低指数の場合の天気図パターンを**南北流型**、高指数の場合の天気図パターンを**東西流型**といいます。東西指数が低指数である場合、寒気が南下しやすく、**気温は低く**なることが多いです。天気の移り変わりが**遅く**なりますが、暖候期に南北流型が現れると、**曇りや雨の日が多く**なります。寒候期にこの型が現れると、**日本海側で雪の降る日が多く**なりますが、太平洋側は晴れる日が多くなります。東西指数が高指数である場合、寒気の南下が弱く、**気温は高くなる**場合が多いです。また、天気の移り変わりが**速くなる**か、似たような天気が続きやすくなります。

　500hPa高度場での極東域の北緯30°の高度偏差と、北緯40°の高度偏差の和を、**中緯度高度指数**といいます。中緯度高度指数が**負の場合**、静力学平衡の関係より、中緯度帯の大気中層以下が**低温傾向**にあることがわかるため、**寒気が南下**しやすいことを表しています。

学習のポイント

● 長期予報資料には、天気図から読み取る何らかの指標を示して、指標の変化等によって大気状態の傾向を見るものがある。東西指数はその一例であり、西谷・東谷などとあわせて理解しておく。

● マクロスケールの大気循環を表す指標を、総じて循環指数という。さまざまな指数があり、東西指数、中緯度高度指数、オホーツク海高気圧指数のほかにも、極渦指数、小笠原高気圧指数、沖縄高度指数、東方海上高度指数、西谷指数などがある。

● 東西指数は、偏西風の波動に関係した指数であり、中緯度帯の傾向を見るときによく使われる。指数の大小と偏西風の蛇行（振幅）の大小が、逆の関係にある点に注意する。

● 東西指数が小さい場合は、寒気が南下しやすい状況にあるが、蛇行の位置によって天気の傾向が変わるため、西谷・東谷による天気傾向の変化とあわせて理解しておく。

● 中緯度高度指数は、中緯度での寒気の南下の程度を表す指標である。中緯度帯の南北の高度偏差を足し合わせたものであるため、指数が低い場合は平年より気圧が低い、つまり、平均的に気層の温度が低いことを示す。寒気が南下しやすい、または、寒気の南下が強まっている状況にあると見られる。

理解度チェック

演習問題

東西指数について述べた次の文中の空欄（a）〜（e）に入る語句の組み合わせとして正しいものを、下記の①〜⑤の中から1つ選べ。

東西指数は、北半球全体または極東域（東経90〜170°）を対象とし、北緯（a）°と北緯60°の高度差の大小で表す。上空の大気（地衡風）は等高度線に平行に流れるため、高度差が小さいときは（b）指数、高度差が大きいときは（c）指数になる。低指数の場合の天気図パターンを（d）流型、高指数の場合の天気図パターンを（e）流型という。

① （a）40　（b）低　（c）高　（d）南北　（e）東西

② (a) 30　(b) 低　(c) 高　(d) 東西　(e) 南北
③ (a) 40　(b) 高　(c) 低　(d) 南北　(e) 東西
④ (a) 30　(b) 低　(c) 低　(d) 東西　(e) 南北
⑤ (a) 40　(b) 高　(c) 低　(d) 東西　(e) 南北

解説と解答

　東西指数は、北半球全体または極東域（東経90〜170°）を対象とし、北緯40°と北緯60°の高度差の大小で表す。上空の大気（地衡風）は等高度線に平行に流れるため、高度差が小さいときは低指数、高度差が大きいときは高指数になる。低指数の場合の天気図パターンを南北流型、高指数の場合の天気図パターンを東西流型という。

解答：① (a) 40　(b) 低　(c) 高　(d) 南北　(e) 東西

4 テレコネクション

　赤道太平洋域の海面水温が平年に比べて高くなり、その状態が1年程度続く現象を、**エルニーニョ現象**といいます。貿易風の強弱に関係し、**貿易風が弱い**場合に発生しやすいです。貿易風が弱いと、赤道太平洋東部から同西部へ向かう海水の流れも弱くなるため、南米大陸西岸での**沿岸湧昇**が弱くなり、結果的に赤道太平洋域全体の海面水温が高くなります。

　赤道太平洋域の海面水温が平年に比べて低くなり、その状態が1年程度続く現象を、**ラニーニャ現象**といいます。**貿易風が強い**場合に発生しやすいです。エルニーニョ現象とは反対に、南米大陸西岸での沿岸湧昇が強くなり、結果的に赤道太平洋域の広い範囲の海面水温が低くなります。

　貿易風を含む赤道太平洋上の大気の東西循環を、**ウォーカー循環**といいます。エルニーニョ現象が発現すると、ウォーカー循環の上昇流域が西部太平洋域から東へ移動するため、対流雲の発生域も東へ移動することになります。ラニーニャ現象が発現すると、西部太平洋域の上昇流が強まるため、西部太平洋域での対流活動が活発になります。これは、ある地域の対流活動の強さを知ることで、ウォーカー循環のような大気の流れの状態を推定できる

可能性が生まれるといえます。

　特に、熱帯の対流活動は、中緯度帯の大気の流れに対する影響が大きく、気象衛星で観測される**赤外放射強度**から、対流活動の強さを指数として求めています。この指数を、**OLR指数**といい、指数値が正の場合は対流活動が活発であることを表し、負の場合は対流活動が不活発であることを表します。OLRは、外向き長波放射量（Outgoing Longwave Radiation）のことです。

　指数が計算される領域は、フィリピン付近、インドネシア付近、太平洋赤道域中央部（日付変更線付近）の3領域であり、フィリピンからインドネシア付近の指数が負の場合、**夏場の日本付近（北日本から西日本）は低温**になりやすいなどの関係があります。

　離れた地域の気圧偏差などの現象が、シーソー運動的に変動する現象を、**テレコネクション**といいます。エルニーニョ現象に関係して、西部赤道太平洋域の気圧と東部赤道太平洋域の気圧が、シーソー運動的に相反して変動する現象を、**南方振動**といいます。また、エルニーニョ現象と南方振動をあわせて、**ENSO**（El Niño/Southern Oscillation）といいます。

　日本の天候を左右するテレコネクションパターンには、北極域と中緯度域の海面気圧の平年偏差が逆進する関係にある**北極振動**（AO：Arctic Oscillation）があり、近年注目されています。北極振動の大きさは、北極振動指数として正負の数値で示されます。

　指数が正の場合、北極域で地上気圧が低くなり、中緯度域で地上気圧が高くなります。また、北極域の対流圏上部から下部成層圏で気温が低くなり、成層圏では**極渦**と呼ばれる低気圧が発達します。

　指数が負の場合、北極域で地上気圧が高くなり、中緯度域で地上気圧が低くなります。また、北極域の対流圏上部から下部成層圏で気温が高くなり、成層圏の極渦は弱まります。

図表3-3 北極振動指数による寒気放出・蓄積の推移

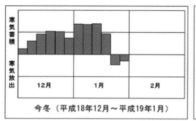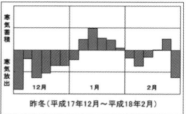

※平成18年12月から平成19年1月と、平成17年12月から平成18年2月の比較
※出典：気象庁

図表3-4 北極振動に伴う偏西風の蛇行（寒気放出）の状況と
エルニーニョ現象に伴う高温傾向の概念図

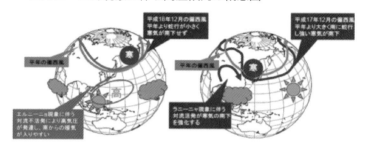

※出典：気象庁

▌学習のポイント

● テレコネクションパターンは、決定論的な手法である数値予報では表現が
難しいため、統計的な手法を用いて長期予報に反映させている。

● エルニーニョ現象は、貿易風の強弱、つまり、赤道上空の東西循環である
ウォーカー循環の強弱に関係した海洋の現象である。赤道太平洋域の貿易
風が弱まると、沿岸湧昇や赤道湧昇が弱まり、結果として、平均海面水温
が上昇する。

● ラニーニャ現象は、赤道太平洋域の貿易風が強まると、沿岸湧昇や赤道湧

昇が強まり、結果として、平均海面水温が下降する。

● ウォーカー循環の上昇流域は、対流雲の発生域に対応するため、対流雲の発達位置や対流活動の程度を見積もることで、循環の強弱がわかる。

● 対流活動の程度を表す場合には、赤外放射強度（OLR ＝外向き長波放射）が用いられる。対流活動が活発な場合は、対流雲が上空までよく発達するため、外向きの赤外放射強度が小さくなる。対流活動が不活発な場合は、外向きの赤外放射強度が大きくなる。

● 赤外放射強度（OLR）を指数にして示す場合は、赤外放射強度が小さいほど指数が大きくなるように表される。したがって、赤外放射強度そのものが示されているか、OLR指数が示されているかによって解答が正反対になるため、注意が必要である。

● テレコネクションは、アンサンブル予報を含む決定論的な数値予報では表現されない情報であり、統計的手法によって長期予報に組み込まれる。テレコネクションパターンの多くは、互いに離れた地域の海面気圧が、シーソー運動的に変化する。その結果として、気温や降水量が変化するため、天候を表すために有益な情報といえる。北極振動（AO）は、近年注目されているテレコネクションパターンであるが、対流圏から成層圏に至るまでを対象としていることや、北極振動指数と気圧偏差が1対1で対応しているわけではないなど、より専門的な知識が必要になるため、試験対策には概略だけ抑えておく。

▌理解度チェック

（演習問題）

　北極振動について述べた次の文章の空欄（a）～（d）に入る語句の組み合わせとして正しいものを、下記の①～⑤の中から1つ選べ。

　北極振動は（a）パターンの1つで、北極域と中緯度域が逆符号になるほぼ同心円状の海面気圧偏差パターンを、北極振動という。北極域の海面気圧が平年より高いとき、中緯度域の海面気圧は平年より低くなる。反対に、北極域の海面気圧が平年より低いとき、中緯度域の海面気圧は平年より高くなる。（b）季には成層圏に及ぶような背の高い構造を持つのが特徴で、（c）の

強さと関係している。(d) の天候を左右する要因の1つとして注目されている現象である。

① (a) OLR指数　　　　　(b) 夏　(c) 極渦　　　(d) 日本の中間圏
② (a) OLR指数　　　　　(b) 冬　(c) 赤道渦　(d) 日本の中間圏
③ (a) テレコネクション　(b) 冬　(c) 極渦　　　(d) 日本の地上
④ (a) テレコネクション　(b) 夏　(c) 極渦　　　(d) 日本の地上
⑤ (a) テレコネクション　(b) 夏　(c) 赤道渦　(d) 日本の地上

【解説と解答】

　北極振動（AO：Arctic Oscillation）は、テレコネクションパターンの1つで、北極域と中緯度域が逆符号になるほぼ同心円状の海面気圧偏差パターンを、北極振動という。北極域の海面気圧が平年より高いとき、中緯度域の海面気圧は平年より低くなる。

　反対に、北極域の海面気圧が平年より低いとき、中緯度域の海面気圧は平年より高くなる。冬季には成層圏に及ぶような背の高い構造を持つのが特徴で、極渦の強さと関係している。日本の地上の天候を左右する要因の1つとして注目されている現象である。

解答：③ (a) テレコネクション　(b) 冬　(c) 極渦　(d) 日本の地上

4 気象情報と気象災害

1 気象情報概説

　天気予報には、おおむね48時間以内を対象にする**短期予報**、48時間後から192時間後までを対象にする**中期予報**、192時間を超える期間を対象にする**長期予報**があります。また、数時間以内の予報を**短時間予報**といいます。なお、災害の発生するおそれがある場合に注意・警戒を促す**注意報**や**警報**も、予報の1つです。

　一般に、予報時間が長くなるほど、予報対象領域は**広く**なります。また、予報時間が長くなるほど、量的予報が困難になるため、「多い、平年並、少ない」などの傾向が予報されるようになります。さらに、予報時間が長くなる場合は、アンサンブル予報を用いて予報が行われるため、信頼度情報が加えられます。

　短時間予報は、詳細で迅速な対応が必要になるため、数値予報結果よりも観測結果を重視して作成されます。短時間の降水量の予報に関しては、**気象レーダー観測**とアメダス等による実測雨量から解析した**解析雨量**の雨域分布と移動速度に基づいて行われます。このうち、主に外挿によって6時間先までの雨域の移動を予測したものを**降水短時間予報**、外挿のみによって1時間先までの雨域の移動を予測したものを**降水ナウキャスト**といいます。外挿とは、空間や時間分布を決めるときに、既存の値からステップ時間（予想する時間）の値を推測する方法のことです。たとえば、3時間前は「3」、2時間前は「4」、1時間前は「5」、現在は「6」であれば、外挿では1時間後は「7」と推測できます。降水短時間予報では、予報の後半ほど数値予報（メソモデルに基づく数値予報）の影響が大きくなるほか、**地形**による降水強度の盛衰が加味されています。なお、降水短時間予報、降水ナウキャストともに、最小対象領域（格子間隔）は**1km**です。

● 気象業務法で気象庁が行うよう定められている「一般の利用に適合する予報及び警報」が天気予報である。

● 天気予報は、主に予報時間によって分類し、予報時間が長くなるほど対象領域（分解能）は大きくなる。分類上、注意報や警報も予報である。

● 降水に関する短時間予報には、降水短時間予報と降水ナウキャストがある。共通点は、次のとおり。

　：地形や直前の降水の変化から降水の盛衰を表現できる。

　：格子間隔は1kmである。

　また、相違点は、次のとおり。

　：降水短時間予報は30分間隔（速報版は10分間隔）で発表され、予想対象時間が6時間先まで。降水ナウキャストは5分間隔で発表され、予想対象時間が1時間先まで。

　：降水短時間予報は数値予報との結合を行い、降水ナウキャストは数値予報との結合を行っていない。

　：降水短時間予報は解析雨量による降水量分布の毎時間の動きを追跡して移動速度を計算する。降水ナウキャストはレーダー観測やアメダス等の雨量計データから求めた降水の強さの分布および降水域の発達や衰弱の傾向、さらに、過去1時間程度の降水域の移動や地上・高層の観測データから求めた移動速度を利用する。

■ 理解度チェック

（演習問題）

　気象庁が発表している週間予報（中期予報）について述べた次の文（a）〜（d）の正誤について正しいものを、下記の①〜⑤の中から1つ選べ。

（a）2日目から7日先までの降水確率を10％単位で発表する。

（b）2日目から7日後先での降水の有無の予報について、「予報が適中しやすい」ことと「予報が変わりにくい」ことを表す情報で、A・B・Cの3段階で発表する。

（c）2日目から7日先までの降水量を発表する。

(d) 2日目から7日先までの日最高気温を発表する。

	(a)	(b)	(c)	(d)
①	正	誤	誤	正
②	正	誤	正	正
③	正	正	正	誤
④	誤	正	正	誤
⑤	誤	誤	誤	誤

解説と解答

(a) 週間予報（中期予報）では、2日目から7日先までの降水確率を10％単位で発表する。

(b) 3日目から7日後先での降水の有無の予報について、「予報が適中しやすい」ことと「予報が変わりにくい」ことを表す情報で、A・B・Cの3段階で発表する。

(c) 2日目から7日先までの降水確率は発表するが、降水量は発表しない。

(d) 2日目から7日先までの日最高気温を発表する。

解答：① (a) 正 (b) 誤 (c) 誤 (d) 正

2 特別警報・警報・注意報

　気象現象に関係し、重大な災害の発生するおそれがある旨を**警告**して行う予報を**警報**、災害の発生するおそれがある旨を**注意**して行う予報を**注意報**といいます。また、警報の発表基準をはるかに超える大雨等が予想され、重大な災害の起こるおそれが著しく高まっている場合、**特別警報**を発表し、最大級の警戒を呼びかけます。

第3編

図表4-1 ｜ 大雨特別警報に関する降雨量の基準

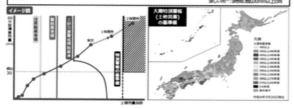

　気象等の特別警報の発表基準には、降雨に関するもの、降雪に関するもの、台風や温帯低気圧の強度に関するものの3つがあります。日本では、**6種類の特別警報（大雨、暴風、高潮、波浪、暴風雪、大雪）、7種類の警報、16種類の注意報**が規定されています。

図表4-2｜気象現象等と警報・注意報

気象現象等	警報	注意報
風	暴風警報	強風注意報
雨	大雨警報	大雨注意報
雪	大雪警報	大雪注意報
風と雪	暴風雪警報	風雪注意報
その他の気象 （霧、雷、気温、湿度）		濃霧注意報
		雷注意報
		低温注意報
		融雪注意報
		なだれ注意報
		乾燥注意報
		霜注意報
		着雪注意報
		着氷注意報
河川の増水・氾濫	洪水警報	洪水注意報
高波	波浪警報	波浪注意報
潮位	高潮警報	高潮注意報

　土砂災害等の地象に関する警報（注意報）である**地面現象警報（注意報）**、低地への浸水に関する警報（注意報）は、**大雨警報（注意報）**に含めて行われます。**暴風警報、暴風雪警報、強風注意報、風雪注意報**は、内容に重複があるため、同じ地域に対して**同時には発表されません**。

　雷注意報は、突風や降雹による被害・災害の発生するおそれがある場合にも発表されます。

　波浪に関する警報（注意報）は、**風浪**や**うねり**による災害の発生する可能性がある場合に発表され、**津波**による災害の発生する可能性がある場合には発表されず、津波警報・注意報が発表されます。

　なお、大地震や火山噴火などが発生した場合、警報や注意報の発表基準は、暫定的に引き下げられることがあります。

- **警報・注意報**：関係する気象によって種類分けされ、それぞれの発表基準は、対象地域により異なる。また、大雨による土砂災害など、間接的に発生する災害を対象に含めて発表するものもある。
- **特別警報**：台風や集中豪雨により数十年（おおむね50年）に一度の降雨量となる大雨が予想される場合や、数十年に一度の強度の台風や同程度の温帯低気圧の来襲が予想されるときに発表される。なお、指定河川洪水予報があるため、洪水特別警報はない。
- **低温注意報**：冬季に最低気温が基準値を下回った場合、冬季に最低気温が基準値を下回ると予測される場合に、主に水道管の凍結などによる被害が発生するおそれがあるとして発表される。地域によっては、冬季以外の期間に気温（最高気温、最低気温、平均気温）が基準値を下回った場合、冬季以外の期間に気温が基準値を下回ると予測される場合にも発表される。
- 天気予報は、各都道府県をいくつかに分けた一次細分区域単位で発表され、警報や注意報は、二次細分区域単位で発表される。二次細分区域は、市町村（東京特別区は区）を原則とするが、一部市町村を分割して設定している場合もある。

■ 理解度チェック

（演習問題）

注意報や警報について述べた次の文（a）〜（d）の語句の組み合わせについて正しいものを、下記の①〜⑤の中から1つ選べ。

土砂災害等の地象に関する警報（注意報）である（a）警報（注意報）、および低地への浸水に関する警報（注意報）は、（b）警報（注意報）に含めて行われる。（c）警報と（c）雪警報や強風注意報と風雪注意報は、同じ地域に対しては同時に（d）。

① （a）河川現象　（b）大雨　（c）突風　（d）発表されない
② （a）河川現象　（b）洪水　（c）突風　（d）発表されることもある
③ （a）地面現象　（b）洪水　（c）暴風　（d）発表されることもある
④ （a）地面現象　（b）大雨　（c）暴風　（d）発表されることもある

⑤（a）地面現象　（b）大雨　（c）暴風　（d）発表されない

解説と解答

　土砂災害等の地象に関する警報（注意報）である地面現象警報（注意報）、低地への浸水に関する警報（注意報）は、大雨警報（注意報）に含めて行われる。暴風警報、暴風雪警報、強風注意報、風雪注意報は、内容に重複があるため、同じ地域に対しては同時に発表されない。

解答：⑤（a）地面現象　（b）大雨　（c）暴風　（d）発表されない

3　土壌雨量指数・表面雨量指数・流域雨量指数

　大雨警報や大雨注意報の発表基準には、**土壌雨量指数**基準と**表面雨量指数**基準が設定されています。土壌雨量指数は、降った雨が土壌の中にどれだけ残っているかを指数化したものです。**解析雨量**（すでに降った雨）と**降水短時間予報**（今後降ると予想される雨）から、**タンクモデル**を用いて1km四方の格子単位で算出されます（**図表4-3**）。土壌雨量指数は、値が大きいほど土砂災害の危険性が**高い**です。

図表4-3 ｜ タンクモデルのイメージ

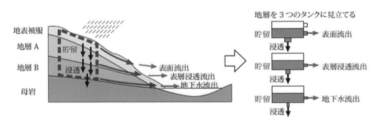

※出典：気象庁

　地表から母岩の上までの地層を3段に積み重ねた貯水タンクに見立て、流出量と浸透量を取り除いた分がタンクに残っているもの（貯留量）として、

その残量の合計を求めます。この残量の合計が、土壌雨量指数です。流出量は、流域雨量指数の算出に用いられます。

表面雨量指数は、地面の被覆状況や地質、地形勾配など、その土地が持つ雨水の溜まりやすさの特徴を考慮して、降った雨が地表面にどれだけ溜まっているかを、タンクモデルを用いて数値化したものです（**図表4-4**）。大雨注意報や大雨警報は、土壌雨量指数、表面雨量指数のどちらか、あるいは両方が基準を超えた場合に発表されます。

図表4-4 ｜ 表面雨量指数計算のイメージ

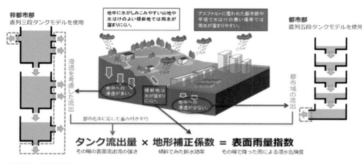

※出典：気象庁

洪水警報や洪水注意報の発表基準には、**流域雨量指数**基準が設定されています。流域雨量指数は、対象領域の上流で降った雨の量や、その雨の流出と流下にかかる時間を基に算出した雨量で、河川の洪水の危険度を表す指標です。流域雨量指数は、河川の流域に降った雨がどれだけ下流の地域に影響するかを指数化したものです。流路が15km以上ある全国の河川（約20,000河川）の流域を対象に、解析雨量と降水短時間予報、および、タンクモデルを用いた流出過程計算と流水の運動学的追跡から、1km四方の格子単位で算出されます。流域雨量指数は、値が大きいほど河川の氾濫の危険度が大きいです。

降雨が観測されていない地域でも、上流域での降雨の状況によっては流域雨量指数が上昇したり、流域雨量指数の高い状態が維持されたりする場合があります。その場合、発表中の洪水警報や洪水注意報は**継続されます**。な

お、洪水警報・注意報は、表面雨量指数との複合基準や**指定河川洪水予報**による基準も設けられています。

　また、雨が降り止んだ後も降雨の強さ等によっては、土壌雨量指数の高い状態が維持される場合があります。その場合、発表中の大雨警報や大雨注意報は**継続されます**。表面雨量指数は**浸水**の発生するおそれの判断に用いられ、土壌雨量指数は**土砂災害**の発生するおそれの判断に用いられます。

図表4-5 ｜ 流域雨量指数

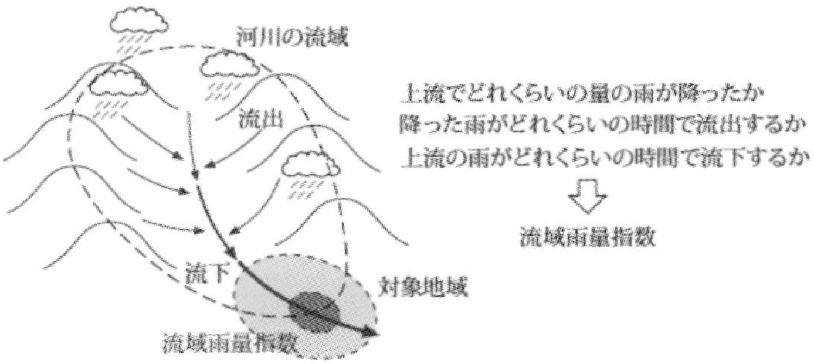

上流でどれくらいの量の雨が降ったか
降った雨がどれくらいの時間で流出するか
上流の雨がどれくらいの時間で流下するか

⇩

流域雨量指数

※出典：気象庁

学習のポイント

- 土壌雨量指数は土砂災害を対象にした大雨警報・注意報の指標であり、流域雨量指数は洪水警報・注意報の指標である。
- 土壌雨量指数は、タンクモデルを用いて土壌中に貯留される雨水の量を指数化したものである。指数計算に利用される過去の雨量データは解析雨量、今後予測される雨量は降水短時間予報のデータである。
- 流域雨量指数は、タンクモデルで算出される土壌外に流出した雨量と、上流から下流まで流下するのに要する時間から求める指数である。洪水とは、外水氾濫のことである。
- 大雨警報・注意報を発表する目的には、浸水害（内水氾濫）に対する警戒・注意の呼びかけと、土砂災害に対する警戒・注意の呼びかけの2つがある。

演習問題

　流域雨量指数、表面雨量指数、土壌雨量指数、タンクモデルについて述べた次の文（a）〜（d）の正誤について正しいものを、下記の①〜⑤の中から1つ選べ。

（a）流域雨量指数は、河川の流域に降った雨が、どれだけ下流の地域に影響を与えるかを指数化したもので、全国の河川の流域を対象に1km格子単位で算出される。

（b）表面雨量指数は、地面の被覆状況や地質、地形勾配などを考慮して、降った雨が地表面にどれだけ溜まっているかを、タンクモデルを用いて数値化したものである。

（c）土壌雨量指数は、降った雨が土壌の中に水分量としてどれだけ貯まっているかを指数化したもので、地表面を 1km四方の格子に分けて、格子ごとに算出される。

（d）タンクモデルは、土壌雨量指数の算出に用いられ、地表から母岩の上までの地層を3段に積み重ねた貯水タンクに見立て、流出量と浸透量を取り除いた分がタンクに残っているものとしてその残量の合計を求める。

① （a）のみ誤り

② （b）のみ誤り

③ （c）のみ誤り

④ （d）のみ誤り

⑤すべて正しい

解説と解答

（a）流域雨量指数は、河川の流域に降った雨の下流の地域に与える影響を指数化したものである。全国の河川（約20,000河川）の流域を対象に1km格子単位で算出される。

（b）表面雨量指数は、地面の被覆状況などを考慮して、降った雨が地表面に溜まった量を、タンクモデルを用いて数値化したものである。

（c）土壌雨量指数は、降った雨が土壌の中に貯まっている水分量を指数化し

たものである。地表面を1km四方の格子に分けて、格子ごとに算出される。

(d) タンクモデルは、土壌雨量指数の算出に用いられる。地表から母岩の上までの地層を3段に積み重ねた貯水タンクに見立て、流出量と浸透量を取り除いた分がタンクに残っているもの（貯留量）として残量の合計を求める。

解答：⑤すべて正しい

4 気象情報

　警報や注意報に関連し、防災上重要な事項を伝える情報を、**気象情報**といいます。気象情報の目的は、次のとおりです。

● 災害に結び付くような顕著な気象現象が発生すると予測される場合に、警報・注意報の発表前の早期の段階で**予告**する。

● 警報・注意報の発表中に、内容を**補完**する。

　また、社会的に影響が大きい天候について、注意を呼びかける情報（少雨に関する情報等）もあります。

　気象情報には、対象となる現象によって多くの種類があります。台風・低気圧・強い冬型の気圧配置に関する情報のほか、暴風雪・大雨・低温などに関する情報、少雨・長雨・黄砂などに関する情報もあります。

　大雨によって土砂災害の発生する危険度が高まった場合に発表される防災気象情報を、**土砂災害警戒情報**といいます。**気象庁と都道府県が共同で発表**する情報で、**市町村長**が行う避難指示等や、住民の自主避難等の目安に利用されます。市町村単位で発表され、発表基準は市町村ごとに異なり、土砂災害が発生しない地域については発表されません。土砂災害警戒情報は、**大雨警報**が発表された後に、降雨の状況に応じて発表される情報です。

　また、降雨について、大雨警報発表中にその地域にとって災害の発生につながるような数年に一度しか観測されない雨量（**1時間雨量**）が観測または解析された場合、**記録的短時間大雨情報**が発表されます。これは、大雨警報や大雨に関する情報が発表されている場合に、随時発表される情報です。

1日程度前
大雨の可能性が高まった場合

大雨に関する**気象情報**
（注意報・警報発表）

半日～数時間前
大雨になり始めた、または、
雨の強さが増してきた場合

大雨**注意報**
（警報に変わる可能性がある場合はその旨の予告）

大雨に関する気象情報
（雨の状況および予想）

数時間～1時間前
大雨基準に到達し、さらに激
しくなった場合

大雨**警報**
（大雨の期間と予想雨量、警報を要する事項等）

大雨に関する気象情報
（雨の状況）

記録的な大雨基準になった場合

記録的短時間大雨情報
（数年に一度の猛烈な雨が観測または解析された場合）

土砂災害の被害の拡大が懸念さ
れる場合

土砂災害警戒情報
（土砂災害の危機がさらに高まった場合）

※必ず上記のように発表されるとは限らない。

学習のポイント

● 防災に関する文章情報を気象情報という。学科試験だけでなく、実技試験においても内容について問われることがあるため、普段の生活でも注意報・警報、気象情報について慣れておくことが望ましい。

理解度チェック

（演習問題）

気象情報について述べた次の文（a）～（d）の正誤について正しいものを、下記の①～⑤の中から1つ選べ。

（a）気象情報は警報や注意報と一体をなすものとして発表され、内容を補完するなど、防災上重要な事項を伝えるための情報である。

（b）気象情報の目的は発表する内容により、災害に結び付くような顕著な現象の発現が予想されるものの警報・注意報をまだ発表するに至らない場合などに予告するためである。

(c) 気象情報の目的は顕著な現象が切迫しているまたは現象が発現していて警報・注意報が発表されている中で、その警報・注意報を補完するためである。

(d) 気象情報には1年に数度しか起こらないような記録的な短時間の大雨を観測または解析した場合により一層の警戒を呼びかける役割（記録的短時間大雨情報）や、社会的に影響の大きな天候について注意を呼びかけたり解説したりする役割がある。

① （a）のみ誤り

② （b）のみ誤り

③ （c）のみ誤り

④ （d）のみ誤り

⑤すべて正しい

第1編

解説と解答

(a) 気象情報は、警報や注意報と一体をなすものとして発表され、内容を補完するなど、防災上重要な事項を伝えるための情報である。

(b) 気象情報の目的は、発表する内容により、災害に結び付くような顕著な現象の発現が予想されるものの警報・注意報をまだ発表するに至らない場合（24時間から2〜3日前）などに予告するためである。

(c) 気象情報の目的は、顕著な現象が切迫しているまたは現象が発現していて、警報・注意報が発表されている中で、その警報・注意報を補完するためである。

(d) 気象情報には、「数年に一度」しか起こらないような記録的な短時間の大雨を観測または解析した場合により一層の警戒を呼びかける役割（記録的短時間大雨情報）や、社会的に影響の大きな天候について注意を呼びかけたり解説したりする役割がある。

解答：④ （d）のみ誤り

第2編

学科専門試験対策

第3編

5 指定河川洪水予報

　気象庁が**国土交通省**または**都道府県**と共同で行う洪水に関する予報を、**指定河川洪水予報**といいます。なお、単に洪水予報という場合もあります。国土交通省と共同で行う洪水予報の対象河川は**国土交通大臣**によって指定され、都道府県と共同で行う洪水予報の対象河川は**都道府県知事**と**気象庁**の協議によって指定されます。

　指定河川洪水予報は、気象警報・注意報に含まれる洪水警報・注意報とは異なり、特定の河川とその流域のみを対象にした予報であり、**水位または流量**を示して行うように定められています。

　各河川には、水位観測所が設けられており、水位観測所ごとに、水防団待機水位、**氾濫注意水位（警戒水位）**、避難判断水位、氾濫危険水位が指定されています。各指定水位を超過するごとに、警戒レベルが1から4へと順に上昇します。現実に氾濫が発生した場合は、最高レベルの「○○川氾濫発生情報」（レベル5の情報）が発表されます。

図表4-7｜氾濫型の内水氾濫・湛水型の内水氾濫・外水氾濫

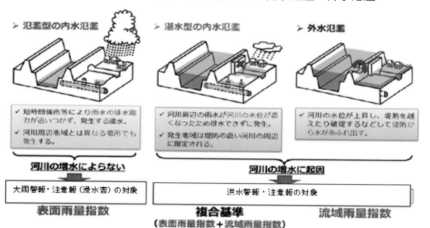

※出典：気象庁

　河川の氾濫（洪水）を**外水氾濫**というのに対し、低地への浸水を**内水氾濫**といいます。河川が氾濫すると、低地への浸水が発生する場合があります。浸水警報・注意報は、内水氾濫を対象としたものであるため、河川の洪水時に発表されることはありません。また、高潮や津波によって、海岸付近の低地が浸水すると予測される場合も、浸水警報・注意報が発表されることはありません。なお、浸水警報・注意報が単独で発表されることはなく、大雨警報・注意報や**融雪注意報**に含めて発表されます。

▌学習のポイント

- 気象警報・注意報の洪水警報・注意報と指定河川洪水予報の違い、浸水と洪水の違いについて整理しておく。

- 気象庁が単独で発表する洪水警報・注意報は河川を指定しない。つまり、二次細分区域内のすべての河川が対象になっている。これに対し、指定河川洪水予報は、特定河川とその流域が対象になっている。河川には、国土交通省の管理河川と都道府県の管理河川があるため、指定河川洪水予報の共同発表者も河川によって異なり、国土交通省または都道府県になっている。

- 河川の水位が水位観測所ごとに指定された基準を超えた場合に、指定河川洪水予報が発表される。基準水位には、低いほうから、水防団待機水位、氾濫注意水位（警戒水位）、避難判断水位、氾濫危険水位が指定されている。観測所の水位が氾濫注意水位を超えた場合（レベル2・3）には氾濫注意情報または氾濫警戒情報、水位が氾濫危険水位を超えた場合（レベル4）には氾濫危険情報、氾濫が発生した場合（レベル5）には氾濫発生情報が発表される。

- 洪水が河川の洪水（溢水、外水氾濫）を対象にしているのに対し、浸水は低地の排水不良等（内水氾濫）を対象にしている。浸水の原因は、主に短時間強雨や大雨、長雨であるが、それらに伴って発生する河川の増水が原因になる場合や、高波または津波が原因になる場合がある。このため、浸水警報・注意報が単独で発表されることはなく、その原因となる現象への警戒・注意を呼びかける警報・注意報に含めて発表されることになっている。なお、融雪注意報は、浸水注意報のほかに地面現象注意報を含んでいる。

　洪水警報・注意報について述べた次の文（a）〜（d）に入る語句の組み合わせとして正しいものを、下記の①〜⑤の中から1つ選べ。

　気象庁が単独で発表する洪水警報・注意報は河川を指定（a）発表する。つまり、（b）細分区域内のすべての河川が対象になっている。これに対し、指定河川洪水予報は、特定河川とその流域が対象になっている。河川には（c）の管理河川と都道府県の管理河川があるため、指定河川洪水予報の共同発表者も河川によって異なり、国土交通省または（d）になっている。

① （a）して　　　　（b）二次　　　（c）国土交通省　　　（d）都道府県
② （a）して　　　　（b）一次　　　（c）国土交通省　　　（d）都道府県
③ （a）しないで　　（b）二次　　　（c）国土交通省　　　（d）都道府県
④ （a）しないで　　（b）一次　　　（c）気象庁　　　　　（d）市町村
⑤ （a）しないで　　（b）一次　　　（c）気象庁　　　　　（d）市町村

解説と解答

　気象庁が単独で発表する洪水警報・注意報は河川を指定しないで発表する。つまり、二次細分区域内のすべての河川が対象になっている。これに対し、指定河川洪水予報は、特定河川とその流域が対象になっている。河川には国土交通省の管理河川と都道府県の管理河川があるため、指定河川洪水予報の共同発表者も河川によって異なり、国土交通省または都道府県になっている。

解答：③　（a）しないで　（b）二次　（c）国土交通省　（d）都道府県

6　竜巻注意情報

　激しい突風に対して注意を呼びかける情報を、**竜巻注意情報**といいます。対象となる主な現象は、積乱雲の下で発生する**竜巻**と**ダウンバースト**ですが、発生原因が明瞭ではない激しい突風も含まれます。

　竜巻注意情報は、**雷注意報**を補完する情報であるため、雷注意報が発表さ

れた後に発表されます。竜巻注意情報の有効期間は**1時間**ですが、その後にも激しい突風の発生するおそれがある場合は、改めて発表されます。

平均風速に対する**最大瞬間風速**の比を**突風率**といいい、一般に、突風率の値は1.5～2です。

図表4-8 | 竜巻発生と該当情報の発表の例

半日～1日程度	**気象情報** （竜巻などの激しい突風のおそれを明記）
数時間前	**雷注意報** （落雷、降雹とともに竜巻を明記）
0～1時間前	**竜巻注意情報** （まさに竜巻が発生しやすい気象状況にある場合）
竜巻発生（予想時刻）	※必ず上記のように発表されるとは限らない。

▌学習のポイント

- ●竜巻注意情報は、竜巻と竜巻以外の激しい突風に対する警戒の呼びかけが含まれた情報である。
- ●突風に対する注意の呼びかけは、雷注意報に含めて行われることになっているが、竜巻注意情報は、これを補足する情報である。したがって、雷注意報発表後に、状況に応じて発表される。情報の有効期間は1時間で、その後も竜巻等の激しい突風が予測される場合は、改めて約1時間ごとに発表される。注意報ではないため、竜巻注意報と誤認しないようにする。
- ●竜巻注意情報に関連して、竜巻発生確度ナウキャストと呼ばれる激しい突風に対する予測情報が発表されている。
- ●風の強さを表す場合には、平均風速と瞬間風速が用いられるが、平均風速と最大瞬間風速の比を突風率として表す場合がある。突風率は一般に1.5～2の値である。

演習問題

　竜巻注意情報について述べた次の文（a）〜（d）の正誤について正しいものを、下記の①〜⑤の中から1つ選べ。

（a）竜巻注意情報は積乱雲の下で発生する竜巻、ダウンバースト等による激しい突風に対して注意を呼びかける気象情報である。

（b）竜巻注意情報は雷注意報を補足する情報で、雷注意報が発表されている中で激しい突風が予測される場合に発表される。

（c）竜巻注意情報は竜巻発生確度ナウキャストにおいて発生確度が2となった地域に発表される。

（d）竜巻注意情報は各地の気象台等が担当している二次細分区域を対象に発表される。

①（a）のみ誤り

②（b）のみ誤り

③（c）のみ誤り

④（d）のみ誤り

⑤すべて正しい

解説と解答

（a）竜巻注意情報は、積乱雲の下で発生する竜巻、ダウンバースト等による激しい突風に対して注意を呼びかけるものである。

（b）竜巻注意情報は、雷注意報を補足する情報である。雷注意報が発表されている中で、激しい突風が予測される場合に発表される。

（c）竜巻注意情報は、竜巻発生確度ナウキャストで発生確度が2となった地域に発表される。

（d）竜巻注意情報は、各地の気象台等が担当している一次細分区域（比較的広い領域）を対象に発表される。

解答：④（d）のみ誤り

7 台風情報

　北半球の**東経100〜180°**で発生した熱帯低気圧のうち、最大風速が**34kt（17.2m/s）以上**になったものを、**台風**といいます。西経域で発生し、最大風速が64kt以上になった熱帯低気圧を、ハリケーンといいます。ハリケーンが北半球の東経域に進行してきた場合、**台風情報が発表される**ことになっています。

図表4-9 | 熱帯低気圧の国際分類

最大風速（kt）	最大風速度（m/s）	国際分類
34未満	17.2未満	TD（Tropical Depression）
34〜47	17.2〜24.5	TS（Tropical Storm）
48〜63	24.6〜32.6	STS（Severe Tropical Storm）
64以上	32.7以上	T（Typhoon）

図表4-10 | 日本での台風の大きさの分類

強風域の半径	台風＜500km（270海里）	500〜800km（270〜425海里）	800km≦台風（425海里）
大きさ	−	大型（大きい）	超大型（非常に大きい）

　熱帯低気圧は、赤道付近を除く低緯度の海域で発生します。これは、熱帯低気圧の発生にとって、**コリオリ力**と**海面水温**が重要な要素であることを反映しています。台風の発達機構には、**第2種条件付不安定**という不安定性が関係しています。これは、暖かい海水から供給される水蒸気と**潜熱**が台風の発達を維持させるものです。なお、第2種条件付不安定は、対流雲の活動とそれより大きなスケールの擾乱とが相互作用することによって、両者が維持発達するような不安定性を表します。

　日本では、台風を大きさと強さによって分類しています。大きさの分類は、**風速15m/s以上**の風が吹いている範囲、または、風速15m/s以上の風が吹いていると推定される範囲に基づきます。強さの分類は、中心付近の**最**

大風速に基づきます。

　気象庁が発表する台風情報には、台風の号数、名称、中心気圧、中心位置（緯度・経度）、最大風速、**最大瞬間風速**、**風速15m/s以上の強風域の半径**、**風速25m/s以上の暴風域**の半径が示されます。また、進路の予想として、予報円と**暴風警戒域**が示されます。台風の中心が**予報円に入る確率は、70%**です。

　図表4-11は、台風の進路予報表示の例です。

図表4-11｜台風の進路予想図

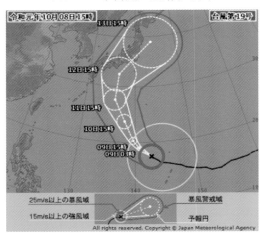

※出典：気象庁

　台風接近時には、市町村等をまとめた地域に暴風域に入る確率が示されます。この暴風域に入る確率が示されるのは、市町村等をまとめた地域が0.5%を超える確率で暴風域に入ると予想された場合であり、**3時間ごとの確率値が120時間先まで**発表されることになっています。

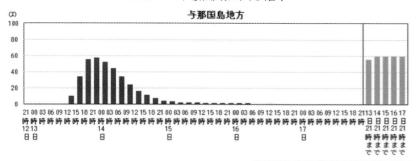

図表4-12 | 暴風域に入る確率

※出典：気象庁

学習のポイント

- 台風情報に関する内容は、一般知識の範囲である台風の構造や特徴とあわせて出題されることが多い。

- 台風は、北西太平洋海域で発生した熱帯低気圧のうち風速が34kt（17.2m/s）以上になったものをいう。他の海域で発生したものは、ハリケーンやサイクロンなどと呼ばれる。台風として扱う領域（北半球の東経100～180°）に移動してきた場合は、気象庁が解析や予報を行うため、台風情報が発表されることになっている。

- 台風の多くは、北緯5～25°の海域で発生しているが、赤道付近では発生していない。これには、回転運動を生み出すために必要なコリオリ力、対流を活発にさせる水蒸気とその凝結に伴う潜熱が、重要な役割を果たしている。一般に、台風の発生・発達には、海面水温が26～27℃以上必要といわれている。

- 気象庁における台風の分類には、大きさの分類と強さの分類がある。大きさは強風域の半径に基づき、強さは最大風速の値に基づく分類である。**図表4-10**に示した値と分類（呼び方）は記憶しておく。なお、実技試験対策も兼ねて、**図表4-9**の熱帯低気圧の国際分類（TD、TS、STS、T）との違いについても、あわせて理解しておくことが望ましい。

- 台風情報には文章情報（全般台風情報、地方台風情報）と図形式の情報が

第1編

第2編　学科専門試験対策

第3編

ある。

● 暴風域に入る確率に関しては、市町村等をまとめた地域ごとに3時間ごとの確率値が示される。この確率が発表されるのは、台風が日本に接近すると予想される場合に限られ、120時間先までの情報が示されることになっている。

（演習問題）

　台風について述べた次の文（a）〜（d）に入る語句の組み合わせとして正しいものを、下記の①〜⑤の中から1つ選べ。

　台風において平均風速15m/s以上の風が吹いているか、地形の影響などを除外した場合に平均風速15m/s以上の風が吹く可能性のある範囲を（a）という。また、（a）の内側で平均風速（b）m/s以上の風が吹いているか、地形の影響などがない場合に平均風速（b）m/s以上の風が吹く可能性のある範囲を（c）という。（a）（c）とも天気図上では平均半径を用いた円で示される。実際の方角によって（a）（c）の半径は異なっている場合は（d）。

① （a）強風域　（b）17.5　（c）暴風域　（d）ない
② （a）強風域　（b）25　　（c）暴風域　（d）ある
③ （a）暴風域　（b）25　　（c）強風域　（d）ある
④ （a）暴風域　（b）25　　（c）強風域　（d）ない
⑤ （a）強風域　（b）17.5　（c）暴風域　（d）ある

（解説と解答）

　台風において、平均風速15m/s以上の風が吹いているか、地形の影響などを除外した場合に平均風速15m/s以上の風が吹く可能性のある範囲を強風域という。また、強風域の内側で平均風速25m/s以上の風が吹いているか、地形の影響などがない場合に平均風速25m/s以上の風が吹く可能性のある範囲を暴風域という。強風域、暴風域とも天気図上では平均半径を用いた円で示されるが、実際の強風域や暴風域は方角によって半径が異なっている場合がある。

解答：② （a）強風域　（b）25　（c）暴風域　（d）ある

8 気象災害

気象現象によって引き起こされる災害を総じて、気象災害といいます。災害を予防する目的で、気象警報、注意報、気象情報が発表されますが、対象となる災害によって、以下のとおり、発表される情報が異なります。

①大雨警報・洪水警報

大雨警報と洪水警報はそれぞれ独立した情報であり、大雨警報は主に**土砂災害と浸水害**、洪水警報は**河川の氾濫**を対象にしているため、一方の**警報のみが発表される場合があります**。

②暴風警報・暴風雪警報

暴風警報と暴風雪警報は、ともにおおむね20〜25m/s以上の暴風が予測される場合に発表されます。ただし、基準は地域により異なります。雪を伴うことによる視程障害の発生するおそれがある場合は、暴風雪警報が発表されます。暴風警報と暴風雪警報は、**同時には発表されません**。

③雷注意報・竜巻注意情報

発達した積乱雲の接近・通過によってもたらされる現象には、**短時間強雨、雷、突風、降雹**があります。これらは、雷注意報の対象となる現象ですが、激しい突風である竜巻の発生する可能性が高くなった場合には、竜巻注意情報が発表されます。

④波浪警報・波浪注意報

強風による高波が予測される場合には、波浪警報または波浪注意報が発表されます。波浪警報・波浪注意報は、**風浪やうねり**が対象になっています。**高潮や津波は、対象になっていません**。波浪警報・注意報の発表基準になっている波の高さを、**有義波高**といいます。

台風は、日本列島に多くの災害をもたらす擾乱です。台風本体の接近・通

過に伴う**雨や風による災害**のほかに、潮位の変化によって発生する高潮により災害が発生します。高潮は、主に気圧の低下に伴う海面の**吸い上げ効果**、強い風によって海水が沿岸に押し寄せる**吹き寄せ効果**によって発生します。

　また、台風に伴う強い風によって内陸に海塩粒子が運ばれると、**塩風害**の発生する場合があります。さらに、台風が脊梁山脈の反対側の遠くに位置しているような地域では、**フェーン現象に伴う山林火災**の発生する場合があります。

　以上のほか、台風接近時に前線の活動を活発にすることで、大雨や長雨による災害が発生する場合や、台風の発達した積乱雲の下で竜巻が発生して災害をもたらす場合などがあります。

▋ 学習のポイント

- 気象災害と警報・注意報は、相互に関連のある内容であり、試験でも複合的に出題されることが多いため、あわせて理解しておく。
- 大雨警報と洪水警報は、両方が同時に発表される場合が多いが、基準が異なるため、必ず両方が発表されるとは限らない。大雨警報が注意報に切り替えられた場合でも、洪水警報が警報のまま継続されることがあるなどの事例は多い。
- 暴風雪警報と暴風警報は、雪を伴うかどうかによって、どちらか一方が発表される。なお、警報・注意報の基準は地域によって異なり、たとえば、埼玉県の秩父地方では平均風速15m/s以上で警報が発表される。
- 急速に発達する積乱雲に伴う現象には、雷注意報で注意を呼びかけるようになっている。短時間強雨、雷、突風、降雹はあわせて記憶しておく。
- 波浪に関する警報・注意報は、風浪とうねりが対象であり、高潮や津波によって浸水等の災害の発生する可能性がある場合は、高潮警報・注意報や津波警報・注意報に含めて行われることになっている。波浪の予測は有義波高について行われているため、波浪警報・波浪注意報の発表基準も有義波高になっている。
- 台風による主な災害は、雨と風による災害である。
- 高潮による災害は、主に気圧低下による海面の吸い上げ効果と、強風によ

る海水の沿岸部への吹き寄せ効果によって発生する。気圧が1hPa低下すると、吸い上げ効果によって海面が約1cm上昇する。

◉ 台風に伴う強い風によって海塩粒子が内陸に運ばれると、農作物の枯渇などの被害が発生する場合があるほか、送電線に付着して停電を発生させる場合がある。塩風害は、降水量が少なく風が強い場合に発生しやすい。塩風害と塩害の誤認に注意する。

◉ 台風が日本海を進むと、南寄りの暖かく湿った強風が脊梁山脈を越えて乾いた熱風に変わり、日本海側に強く吹き降ろす。このような場合には、山林火災が発生しやすくなり、大規模火災に発展するおそれがある。

◉ 台風の災害は、いずれも発達する温帯低気圧によっても発生する場合があることに注意する。

理解度チェック

演習問題

注意報や警報について述べた次の文（a）〜（d）に入る語句の組み合わせとして正しいものを、下記の①〜⑤の中から1つ選べ。

強風による高波が予測される場合には（a）警報や注意報が発表される。（a）警報や注意報は、（b）や（c）が対象になっている。なお、（a）警報・注意報の発表基準になっている波の高さは（d）波高である。

① （a）高潮　（b）風雪　（c）うねり　（d）有義
② （a）高潮　（b）風雪　（c）うね雲　（d）有義
③ （a）波浪　（b）風浪　（c）うねり　（d）有義
④ （a）高潮　（b）風浪　（c）うね雲　（d）最大
⑤ （a）波浪　（b）風浪　（c）うねり　（d）最大

解説と解答

強風による高波が予測される場合には波浪警報や注意報が発表される。波浪警報や注意報は、風浪やうねりが対象になっている。なお、波浪警報・注意報の発表基準になっている波の高さは有義波高である。

解答：③（a）波浪　（b）風浪　（c）うねり　（d）有義

9 擾乱や前線に伴う災害

　寒冷低気圧が通過する場合、低気圧の**南東象限**にあたる地域は積乱雲が発達しやすいです。これに伴い、**落雷や短時間強雨、強い雪、降雹^{ひょう}、突風**などの激しい現象による災害の発生する場合があり、注意が必要です。

　南東象限とは、平面を直交する2線で4分割した南東部分のことです。

図表4-13｜4象限

※出典：気象庁

　6〜7月頃の日本付近は、**小笠原気団とオホーツク海気団の境界**付近にあたり、停滞性の前線である**梅雨前線**が停滞しやすいです。梅雨前線が長期間にわたって同じような位置に停滞すると、長雨や日照不足などの災害が発生します。**前線上を低気圧が進む**場合などは、**集中豪雨**によって災害の発生する場合があります。なお、集中豪雨とは、狭い範囲に数時間にわたって強く降り、100〜数百mmの雨量をもたらす雨をいいます。

　冬季に冬型の気圧配置が続く場合、日本海側は日本海をわたる季節風によって発達する筋状雲が大雪をもたらします。ただし、冬型の気圧配置の中でも、日本海側の内陸から山地で降雪量が多くなる**山雪型**の場合と、平地で降雪量が多くなる**里雪型**の場合では、気圧配置に違いが見られます。典型的な山雪型の場合、地上は強い冬型の気圧配置で、上空（500hPa）は**東谷**になっています。また、日本海側では、**北西の強い風**が観測されます。里雪型

の場合、地上では**日本海に気圧の谷や低気圧が位置**し、上空（500hPa）は**日本谷（本邦谷）**または**西谷**になっています。日本海側では、**西から南西の風**が観測されます。

冬季に本州の**南海上を低気圧が通過**するとき、関東地方南部では**大雪**になる場合があります。低気圧が接近するときに大気最下層に冷気層が形成・強化されることにより、降雪になります。低気圧の発達の程度により、雪を伴った暴風になる場合があります。

図表4-14 | 気象災害の種類

災害の種類	内　容
風害	強風や竜巻によって引き起こされる災害。広義には塩風害や乾風害も含める
大雨害	大雨や強雨が原因となって起こる災害
大雪害	比較的短時間の多量の降雪によって起こる災害
洪水害	洪水によって引き起こされる災害
浸水害	浸水によって引き起こされる災害
土砂災害	降雨、地震及び火山噴火等による土砂の移動が原因となる災害
落雪害	落雪によって発生する人的・物的被害
雷害	落雷や降雹によって起こる災害
ひょう害	降雹によって起こる災害
長雨害	長雨や湿度の高い日が何日も続くことにより農作物などに起こる災害
干害	長期間にわたる降水量の不足によって農作物などに起こる災害
なだれ害	雪崩により人畜、家屋などに起こる災害
融雪害	融雪が原因となって起こる災害
着雪害	電線などに降雪が付着することによって起こる災害
乾燥害	空気の乾燥によって起こる災害
視程不良害	霧、雨、雪などによる視程不良が原因となって交通機関等に起こる災害
冷害	7〜8月を中心とした暖候期の低温によって農作物に起こる災害
凍害	冬期の低温によって、水が凍ることに伴い起こる災害
霜害	主に春秋期の降霜によって、農作物などに起こる災害
高潮害	台風や発達した低気圧の接近に伴い、海水面が上昇し海水が陸地に侵入して起こる災害
異常潮害	台風などによる高潮や津波以外の潮位の異常によって起こる災害

災害の種類	内　容
塩風害	海上からの強風により運ばれた塩分粒子によって、植物や送電線などに起こる災害
波浪害	高波のために海岸や海上で起こる災害
船体着氷害	冬期、船の上部に氷が付くことによって起こる災害
水害	大雨、強雨、融雪水が原因となって起こる災害の総称
風水害	強雨、大雨、高潮、波浪が複合して起こる災害の総称
寒害	冬期、低温によって引き起される災害の総称

※出典：気象庁

▌学習のポイント

● 擾乱に伴う災害は天気図パターンとともに出題されることがあるため、あわせて理解しておく。

● 寒冷低気圧は、南東象限で災害が発生しやすい。大気の状態が著しく不安定になるため、激しい現象と呼ばれる短時間強雨、雷、竜巻などの激しい突風に注意が必要である。また、寒候期は、強い雪のおそれがある。

● 梅雨前線では、前線本体に伴う降水が前線上に発達する低気圧によって強化される場合がある。低気圧に伴う積乱雲と前線に伴う積乱雲が組織化してメソ対流系の擾乱になると、雨が強くなるだけでなく、持続時間が長くなるため、豪雨災害に結び付きやすい。

● 冬型の気圧配置による降雪には、山地で降雪量が多くなる山雪型と、平地で降雪量が多くなる里雪型がある。山雪型か里雪型かは、天気図パターンから読み取ることができるため、特徴はしっかり抑えておく。

● 日本の南海上から南岸付近を通る低気圧を、南岸低気圧という。関東地方の南部に降雪をもたらすとして注目される。低気圧が八丈島付近を東北東に進む場合、関東地方の南部は雪になりやすい。低気圧が八丈島より北を通ると、関東地方の南部は雨になりやすい。低気圧が八丈島より南を通ると、関東地方の南部は降水に至らない場合が多い。

理解度チェック

演習問題

　擾乱や前線に伴う災害について述べた次の文（a）～（d）の正誤について正しいものを、下記の①～⑤の中から1つ選べ。

（a）3～5月頃の日本付近は、梅雨前線が長期間にわたって同じような位置に停滞することがたびたびあり、長雨や日照不足などの災害が発生する。

（b）冬季に冬型の気圧配置が続く場合、日本海側は日本海をわたる季節風によって発達する筋状雲が大雪をもたらす。

（c）冬季に本州の南海上を低気圧が通過するとき、関東地方南部では大雪になる場合がある。

（d）寒冷低気圧は、南東象限で災害が発生しやすい。

① （a）のみ誤り

② （b）のみ誤り

③ （c）のみ誤り

④ （d）のみ誤り

⑤ すべて正しい

解説と解答

（a）日本付近で梅雨前線が長期間にわたって同じような位置に停滞することがたびたびあり、長雨や日照不足などの災害が発生するのは、6～7月頃である。

（b）冬季に冬型の気圧配置が続く場合、日本海側は日本海をわたる季節風によって発達する筋状雲が、大雪をもたらす。

（c）冬季に本州の南海上を低気圧が通過するとき、関東地方南部では、大雪になる場合がある。

（d）寒冷低気圧は、南東象限で災害が発生しやすい。

解答：① （a）のみ誤り

　気温の低下に伴って発生する災害の１つに、**霜害**があります。霜害に対しての注意報は、気温がおおむね4℃以下に下がると予測される場合に発表されます。なお、気温の基準は地域により異なります。真冬に発表されることはなく、主に晩春と秋に発表されます。晩春に発生する霜を**晩霜**、秋に発生する霜を**早霜**といいます。

　低温による災害は、季節によって大きく異なります。寒候期には、**道路の凍結**による**交通障害**や水道管の凍結による災害が発生します。暖候期には、農作物の被害が発生します。寒候期の低温害は、低温の期間によらず発生します。**暖候期の低温害は、数日間以上**にわたって低温の状態が続く場合に発生します。

　山沿いで発生する雪崩は、災害に至る場合があります。雪崩の発生形態には、**表層雪崩**と**全層雪崩**があります。表層雪崩は、**主に新しく積もった雪が崩落**する現象で、**大雪の後**などに発生しやすいです。全層雪崩は、積雪層**全体が崩落**する現象で、気温が上昇し始める**春先**に発生しやすいです。

学習のポイント

● 注意を呼びかける季節が限られた現象には、霜、低温、雪崩などがある。ほかにも、着雪（地上気温が0℃前後またはそれ以上で、降雪がある場合など）も災害に結び付くため、注意報基準が設定されている。

● 地域が限定される災害には、着氷がある。着氷注意報は、船体着氷が対象になることもある。

理解度チェック

演習問題

　季節現象と災害について述べた次の文（a）〜（d）の正誤について正しいものを、下記の①〜⑤の中から1つ選べ。

（a）秋に発生する霜を晩霜、晩春に発生する霜を早霜という。

（b）全層雪崩は大雪の後などに発生しやすく、表層雪崩は気温が上昇し始

める春先に発生しやすい。

(c) 低温による災害は、寒候期のみの現象である。

(d) 寒候期の低温害は、数日間以上にわたって低温の状態が続く場合のみ発生する。

① (a) のみ正しい

② (b) のみ正しい

③ (c) のみ正しい

④ (d) のみ正しい

⑤ すべて誤り

解説と解答

(a) 秋に発生する霜を早霜、晩春に発生する霜を晩霜という。

(b) 全層雪崩は気温が上昇し始める春先に発生しやすく、表層雪崩は大雪の後などに発生しやすい。

(c) 低温による災害は、寒候期のみだけでなく暖候期も発生する場合もある。

(d) 寒候期の低温害は、低温の期間によらず発生する。

解答：⑤ すべて誤り

5 予想の精度の評価

1 予報精度の評価

　予報の有用性や経済的価値は、予報精度の評価として年度ごとに検証されます。天気予報には、晴れ・曇り・雨・雪などの**カテゴリー予報**、降水確率などの確率予報、降水量などの**量的予報**といった種類があるため、予報ごとに異なる評価方法が用いられます。

　カテゴリー予報の精度評価は、主に分割表を利用し、予報の発表の有無と実況の有無を比較して行われます。

図表5-1｜分割表①

実況＼予報	あり	なし	計
あり	A	B	A＋B
なし	C	D	C＋D
計	A＋C	B＋D	N

　分割表を用いた精度の検証では、適中率、見逃し率、空振り率、スレットスコア等の評価が行われます。適中率は、全予報回数に対する予報・実況一致回数の割合｛(A＋D)/N｝、見逃し率は全予報回数に対する「予報なし実況あり」の回数の割合（B/N）、空振り率は全予報回数に対する「予報あり実況なし」の回数の割合（C/N）です。

　発生回数の少ない現象に対する評価には、**スレットスコア**が有効です。スレットスコアは、適中率から「予報なし実況なし」を除外して計算した割合｛A/(A＋B＋C)｝に相当します。数値の取りうる値は0〜1で、1に近いほど**予報精度が高い**です。

　量的予報については、主に次のもので評価します。

- 予報値と実況値の差（予報誤差）の総計を、予報発表回数で除したもの（**平均誤差**＝バイアス）
- 予報誤差の2乗の和を予報発表回数で割り、さらにその平方根を取ったもの（2乗平均平方根誤差）。2乗平均平方根誤差は、**RMSE**（Root Mean Squared Error）の訳。

　確率予報については、主に、予報と実況との差の2乗の総和を予報発表回数で割って求める**ブライアスコア**を用いて評価します。予報（確率）は小数で表した数値、現象の有無については実況ありを1.0、実況なしを0.0の数値に置き換えたうえで差を取り、評価計算を行います。

▌学習のポイント

- 予報精度の評価方法については、実際に評価計算を行わせる問題が多い。問題文中でスレットスコアなどの用語が解説されることはないため、覚えておく必要がある。
- 分割表を用いた評価では、適中率、見逃し率、空振り率、スレットスコアのほかにも、実況をどれだけ予報で捉えることができたかを表す捕捉率 {A/（A＋B）}、発表した予報に対してどれくらいの割合で現象が発生したかを表す一致率 {A/（A＋C）} などがある。

▌理解度チェック

(演習問題)

　表は、ある月の1か月間（30日間）の降水の有無と予報の発表の有無を表した分割表である。分割表を用いて、当該月の予報の精度を表す適中率とスレットスコアについて正しいものを、下記の①～⑤の中から1つ選べ。ただし、適中率は整数の百分率（%）、スレットスコアは小数点第2位までの小数で求めたものとする。

降水＼予報	あり	なし
あり	10	2
なし	6	12

① 適中率：73%　　　スレットスコア：0.56
② 適中率：56%　　　スレットスコア：0.73
③ 適中率：83%　　　スレットスコア：0.63
④ 適中率：56%　　　スレットスコア：0.56
⑤ 適中率：73%　　　スレットスコア：0.63

解説と解答

● 適中率＝適中した日（予報あり実況あり＋予報なし実況なし）／全予報日数＝（10日＋12）日／30日）≒0.733　→73%

● スレットスコア＝適中した日（予報あり実況あり／予報なし実況なし以外）＝10日／（10日＋2日＋6日）≒0.555　→0.56

解答：① 適中率：73%　　　スレットスコア：0.56

2 予報精度の評価計算

（1）降水の有無に対する精度評価

　分割表を用いて、ある月の降水の有無に対する精度評価を行う場合について、**適中率、見逃し率、空振り率、スレットスコア、補足率、一致率**を考えます。ここでは、スレットスコアについて、小数第2位まで求め、他は整数で求め、他は整数（％）で求めます。

図表5-2｜分割表②

実況 ＼ 予報	あり	なし
あり	9	3
なし	6	13

　分割表より、降水の有無に対する精度評価＝全予報回数＝9回＋3回＋6回＋13回＝31回

　適中率＝（予報あり実況あり＋予報なし実況なし）／全予報回数

$$= (9 + 13) \, /31 \fallingdotseq 0.710 \quad →\mathbf{71\%}$$

見逃し率 = 予報なし実況あり / 全予報回数 = 3/31 ≒ 0.097　→**10%**

空振り率 = 予報あり実況なし / 全予報回数 = 6/31 ≒ 0.194　→**19%**

スレットスコア = 予報あり実況あり / 予報なし実況なしを除いた予報回数

$$= 9/ \, (9 + 3 + 6) = \mathbf{0.50}$$

補足率 = 予報あり実況あり / (予報あり実況あり + 予報なし実況ありの回数)

$$= 9/ \, (9 + 3) = 0.75 \quad →\mathbf{75\%}$$

一致率 = 予報あり実況あり / (予報あり実況あり + 予報あり実況なしの回数)

$$= 9/ \, (9 + 6) = 0.6 \quad →\mathbf{60\%}$$

（2）警報事項に対する精度評価

　分割表を用いて、ある期間の警報発表の精度評価を行う場合について、**適中率、見逃し率、空振り率、スレットスコア**を考えます。ここでは、スレットスコアについて、小数第2位まで求め、他は整数（%）で求めます。

図表5-3 ｜ 分割表③

実況 ＼ 警報	あり	なし
あり	24	2
なし	4	－

　分割表より、警報事項に対する精度評価 = 警報あり発表あり + 警報あり実況なし = 24回 + 4回 = 28回

適中率 = 警報あり実況あり / (警報あり実況あり + 警報あり実況なし)

$$= 24/ \, (24 + 4) \fallingdotseq 0.857 \quad →\mathbf{86\%}$$

見逃し率 = 警報なし実況あり / (警報あり実況あり + 警報なし実況あり)

$$= 2/ \, (24 + 2) \fallingdotseq 0.077 \quad →\mathbf{8\%}$$

空振り率 = 警報あり実況なし / (警報あり実況あり + 警報あり実況なし)

$$= 4/ \, (24 + 4) \fallingdotseq 0.143 \quad →\mathbf{14\%}$$

スレットスコア = 警報あり実況あり / 予報なし実況なしを除いた警報回数

$$= 24 / (24 + 2 + 4) = 0.800 \quad \rightarrow \textbf{0.80}$$

（3）降水量の予報に対する精度評価

　表を用いて、降水量の予報に対する精度評価を行う場合について、**平均誤差、二乗平均平方根誤差**を考えます。ここでは、値は小数第1位まで求めます。

図表5-4 ｜ 表①

降水量（mm）	1日目	2日目	3日目	4日目	5日目	6日目
予報値	0	11	13	3	3	1
実況値	1	14	10	2	5	1

　予報誤差＝予報値−実況値

　1日目の予報値と実況値の誤差：$0 - 1 = -1$

　2日目の予報値と実況値の誤差：$11 - 14 = -3$

　3日目の予報値と実況値の誤差：$13 - 10 = 3$

　4日目の予報値と実況値の誤差：$3 - 2 = 1$

　5日目の予報値と実況値の誤差：$3 - 5 = -2$

　6日目の予報値と実況値の誤差：$1 - 1 = 0$

　平均誤差＝$\{(-1) + (-3) + 3 + 1 + (-2) + 0\}/6 = (-2)/6$

　　　　　$\fallingdotseq -0.33 \quad \rightarrow \textbf{−0.33}$

　二乗平均平方根誤差（予報を行った全日数分の予報値−予報を行った全日数分の実況値）を二乗平方根にしたものの足し算

$$= \sqrt{\{(-1)^2 + (-3)^2 + (3)^2 + (1)^2 + (-2)^2 + 0^2\}/6}$$

$$= \sqrt{24/6} = 2.0 \quad \rightarrow \textbf{2.0}$$

（4）日最低気温の予報に対する精度評価

　最高気温・最低気温の予報に対する精度評価では、持続予報との比較を行う場合があります。持続予報とは、予報を行う時点の気象状況がその後も持

続すると仮定して行う予報です。ここでは、表を用いて、2日目から5日目の日最低気温の予想に対する精度評価を考えます。

図表5-5 | 表②

最低気温（℃）	1日目	2日目	3日目	4日目	5日目
予報値	-	15	17	12	10
実況値	14	14	15	11	10

予報値の二乗平均平方根誤差 ＝

$$\sqrt{\{(15-14)^2+(17-15)^2+(12-11)^2+(10-10)^2\}/4} = \sqrt{6/4} = 1.22$$

→1.22

持続予報値（1日前の実況値と予測値の誤差）の**二乗平均平方根誤差**

$$\sqrt{\{(14-14)^2+(14-15)^2+(15-11)^2+(11-10)^2\}/4} = \sqrt{18/4} = 2.12$$

→2.12

1.22＜2.12であるため、予報値のほうが持続予報値より精度が良いと判断できます。

（5）降水確率の予報に対する精度評価

表を用いて、降水確率の予想に対する精度評価を行う場合について、**ブライアスコア**を考えます。ここでは、値は小数第3位まで求めます。

図表5-6 | 表③

	1日目	2日目	3日目	4日目	5日目
降水確率（%）	40	10	80	90	30
実況の有無	あり	なし	あり	あり	あり

ブライアスコア（予想日数分の予報 − 予想日数分の実況）を2乗し足し算

まず、予報と実況の差を算出します。実況で降水ありを1.0、実況で降水なしを0.0とし、予報した降水確率（%）との差で計算します（例：10％＝0.1）。

1日目：0.4 − 1.0 = − 0.6

2日目：0.1 − 0.0=0.1

3日目：0.8 − 1.0 = − 0.2

4日目：0.9 − 1.0 = − 0.1

5日目：0.3 − 1.0 = − 0.7

$\{(-0.6)^2 + (0.1)^2 + (-0.2)^2 + (-0.1)^2 + (-0.7)^2\}/5 \fallingdotseq 0.182$　　**→0.182**

▍学習のポイント

● 分割表で行う警報事項に対する精度評価は、降水の有無などに対する精度評価とは方法が異なり、警報基準未満で予報を発表しなかった場合の回数を評価計算に用いない。見逃し率や空振り率も、評価計算方法が異なる点に注意する。

● 日最低気温の予報に対する精度評価と最高・最低気温の予報に対する精度評価では、持続予報との比較を行う場合がある。持続予報とは、予報を行う時点の気象状況がその後も持続すると仮定して行う予報である。

● ブライアスコアは、降水確率など割合（％）で予想される予報の精度評価に用いられる。

▍理解度チェック

演習問題

　表は、ある月の10日間の最高気温の予測と実況値を表したものである。表を用いて、当該月の予報の精度を表す予報値の二乗平均平方根誤差について正しいものを、下記の①〜⑤の中から1つ選べ。なお、値は小数点第2位まで求めている。ただし、2の平方根は1.41、3の平方根は1.73、5の平方根は2.24、7の平方根は2.65とする。

最低気温	1日	2日	3日	4日	5日	6日	7日	8日	9日	10日
予報値（℃）	10	12	11	7	10	11	12	13	13	11
実況値（℃）	10	11	12	10	9	10	12	11	15	10
予報誤差	0	+1	−1	−3	+1	+1	0	+2	−2	+1

① 0.00

② 1.48

③ 0.60

④ − 0.60

⑤ − 1.48

解説と解答

二乗平均平方根誤差

$$= \sqrt{\frac{(1回目の予報誤差)^2 + (2回目の予報誤差)^2 + \cdots + (N回目の予報誤差)^2}{予報回数（N）}}$$

$$= \sqrt{\frac{\{0^2 + 1^2 + (-1)^2 + (-3)^2 + 1^2 + 1^2 + 0^2 + 2^2 + (-2)^2 + 1^2\}}{10}}$$

$$= \sqrt{\frac{(0 + 1 + 1 + 9 + 1 + 1 + 0 + 4 + 4 + 1)}{10}} = \sqrt{\frac{22}{10}} = 1.48$$

$\sqrt{2} < \sqrt{2.2} < \sqrt{3} = 1.41 < \sqrt{2.2} < 1.73$ より、1.48を選べる。

なお、予報誤差を ｜(予報値) − (実況値)｜ とする。

$$平均誤差 = \frac{1回目の予報誤差 + 2回目の予報誤差 + \cdots + N回目の予報誤差}{予報回数（N）}$$

$$= \frac{(0 + 1 - 1 - 3 + 1 + 1 + 0 + 2 - 2 + 1)}{10} = 0$$

このように、平均誤差では値が0となり、一見、精度が良いとなるが、二乗平均平方根誤差では、予報と実況が完全に一致しないと0とはならず、値の大小で予測の精度を示す。

解答：② 1.48

予報用語

　天気予報や注意報・警報など気象庁が発表する各種情報は、電話など音声を主体にしたもの、インターネットなどによる画像・文字を主体にしたものと多様化しています。気象庁では、さまざまな形で提供される天気予報などが誰にでも正確に伝わるよう、天気予報などに使う予報用語を定めています。

　一例として、日常生活でも重要な予報用語は、以下のとおりです。

■季節の呼称と月

春	夏	秋	冬
3〜5月	6〜8月	9〜11月	12〜翌2月

暖候期	寒候期		
4〜9月	10〜翌3月		

■時間の呼称と時間

未明	明け方	朝	昼前
0〜3時	3〜6時	6〜9時	9〜12時

昼過ぎ	夕方	夜のはじめ頃	夜遅く
12〜15時	15〜18時	18〜21時	21〜24時

■地域

- **沿岸の海域**：海岸線からおおむね20海里（37km）以内の海域。天気予報、警報・注意報の予報区に含まれている。
- **局地的**：府県予報区の細分区域内のごく限られた地域

■降水量・風速と雨の強さ・風の強さの呼称

雨：1時間降水量 （mm）	呼称
10未満	－
10〜20	やや強い雨
20〜30	強い雨
30〜50	激しい雨
50〜80	非常に激しい雨
80以上	猛烈な雨

風：平均風速 （m/s）	呼称
10未満	－
10〜15	やや強い風
15〜20	強い風
20〜30	非常に強い風
30以上	猛烈な風

■波高（有義波高）と4m超の波の高さ

波高（m）	呼称
4〜6	しける
6〜9	大しけ
9超	猛烈にしける

■最高気温・最低気温に関する呼称

日最高気温（℃）	呼称
0未満	真冬日
25以上30未満	夏日
30以上35未満	真夏日
35以上	猛暑日

日最低気温（℃）	呼称
0未満	冬日
夜間最低気温（℃）	呼称
25以上	熱帯夜

学習のポイント

● 予報用語は、混乱をさける目的で統一されている。ただし、世情等によって適宜見直しがされるので、注意が必要である。

理解度チェック

（演習問題）

気象用語について次の図表（a）〜（h）に入る適切な語句を答えよ。

■季節の呼称と月

（a）期	（b）期
4〜9月	10〜翌3月

■時間の呼称と時間

0〜3時	3〜6時	6〜9時	9〜12時
（c）	明け方	朝	昼前
12〜15時	15〜18時	18〜21時	21〜24時
（d）	夕方	（e）	（f）

■降水量と雨の強さの呼称

雨：1時間降水量 （mm）	呼称
20〜30	強い雨
30〜50	（g）
50〜80	非常に激しい雨
80以上	（h）

解説と解答

■季節の呼称と月

暖候期	**寒候**期
4〜9月	10〜翌3月

■時間の呼称と時間

0〜3時	3〜6時	6〜9時	9〜12時
未明	明け方	朝	昼前
12〜15時	15〜18時	18〜21時	21〜24時
昼過ぎ	夕方	**夜のはじめ頃**	**夜遅く**

■降水量と雨の強さの呼称

雨：1時間降水量 （mm）	呼称
20〜30	強い雨
30〜50	**激しい雨**
50〜80	非常に激しい雨
80以上	**猛烈な雨**

解答：（a）暖候 （b）寒候 （c）未明 （d）昼過ぎ （e）夜のはじめ頃 （f）夜遅く （g）**激しい雨** （h）**猛烈な雨**

第 **3** 編

実技試験対策

シナリオ読解

　天気図の日付や低気圧・前線などの気象擾乱から、ほかにどのような資料（衛星画像など）があり、どのような内容が出題されるか、想像できるようになりましょう。

　たとえば、6月の前線であれば、梅雨前線で大雨、相当温位は？　警報発表は？　災害は？　地形の効果は？　など、より具体的に想像できるようになると、問題を解くスピードも正確性も上がります。

　自分が考える天気の変化のシナリオを、自由に解答してみてください。

▌ 演習問題

　演習問題1〜7の各天気図から主役になる気象擾乱と、この後に展開される大まかな問題の構成を考えよ。

演習問題1 （解答と解説P.316）

〈地上天気図〉　XX年3月4日9時（00UTC）

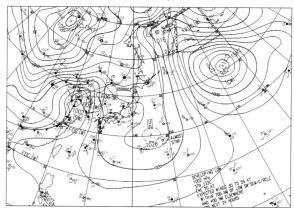

❶主役になる気象擾乱

❷大まかな問題の構成

演習問題2 （解答と解説 P.317）

〈地上天気図〉 XX年3月9日9時（00UTC）

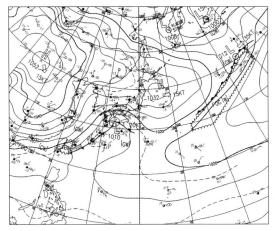

❶主役になる気象擾乱
❷大まかな問題の構成

演習問題3 （解答と解説 P.319）

〈500hPa天気図〉 XX年5月12日21時（12UTC）

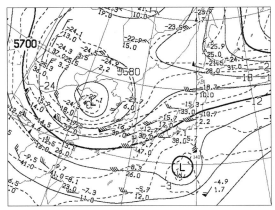

❶主役になる気象擾乱
❷大まかな問題の構成

（解答と解説P.320）

演習問題4

〈地上天気図〉 XX年10月7日9時（00UTC）

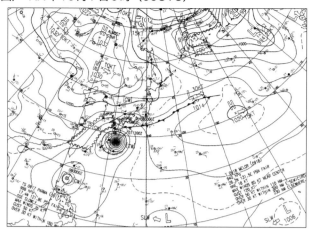

❶主役になる気象擾乱

❷大まかな問題の構成

演習問題5 （解答と解説P.322）

〈地上天気図〉 XX年7月26日9時（00UTC）

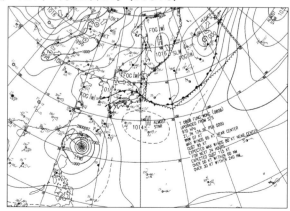

❶主役になる気象擾乱

❷大まかな問題の構成

演習問題6 （解答と解説P.323）

〈地上天気図〉　XX年12月26日9時（00UTC）

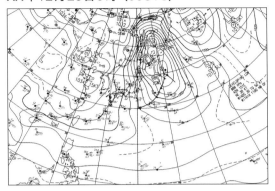

❶主役になる気象擾乱

❷大まかな問題の構成

演習問題7 （解答と解説P.325）

〈地上天気図〉　XX年12月5日9時（00UTC）

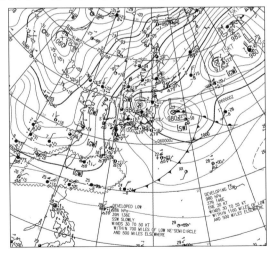

❶主役になる気象擾乱

❷大まかな問題の構成

2 問題読解と解答表現

　　試験問題は国語力です。どれだけ気象の知識があっても問題の意味を把握できなかったり、解答をうまく表現できなかったりすると、点数は取れません。ここでは、読解力と表現力をチェックします。「間違い探し」の気持ちで臨んでください。

演習問題

　　次の問題文に対する解答について適切・不適切を判断し、適切な場合は○を、不適切な場合は×を選べ。また、×を選んだ場合は、その理由を考えよ。なお、問題文に指示されている図1〜図11は、P.307〜315【資料図】の各図である。

1．サハリン付近にある低気圧が今後発達すると予想される根拠を、図1と図3を用いて地上低気圧と500hPaトラフの位置関係に着目して記述せよ。（解答と解説P.327）

解答：地上低気圧と500hPaトラフを結ぶ気圧の谷の軸が西に傾いている。

①判断（○　×）
②×の場合は理由

2．サハリン付近にある低気圧が今後急速に発達すると考えられる根拠を、図2の850hPaの温度移流に着目して記述せよ。（解答と解説P.327）

解答：低気圧の進行前面で暖気移流と上昇流、進行後面で寒気移流と下降流があるから。

①判断（○　×）

②×の場合は理由

３．サハリン付近にある低気圧の北側に見られる高気圧性曲率を持つ雲域
　　（図4の領域A）の成因を、下層の温度と気流に着目して記述せよ。（解
　　答と解説P.328）

解答：低気圧の進行前面で暖気移流と上昇流、進行後面で寒気移流と下降流
　　　があるから。

①判断（○　×）

②×の場合は理由

4．図4の領域B・Cの大気の状態を、図3の観測値も参考に簡潔に記述せ
　　よ。（解答と解説P.328）

解答：乾燥域である。

①判断（○　×）

②×の場合は理由

5. 以下の図の枠内に前線を太実線で書き込み、位置を決めた判断理由を、温度場に着目して記述せよ。（解答と解説P.329）

図 850hPa 気温・風、700hPa上昇流12時間予想図

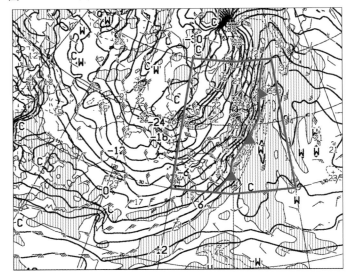

解答：

・太実線：850hPa気温（℃）、破線・細実線：700hPa鉛直ｐ速度（hPa/h）、網掛け域：上昇流
・矢羽：850hPa風向・風速（ノット）、短矢羽：5ノット、長矢羽：10ノット、旗矢羽：50ノット
・初期時刻：XX年12月5日9時（00UTC）

解答：等相当温位線の集中帯の南側の縁と風のシアの大きいところだから。

①判断（○　×）
②×の場合は修正し、その理由

6．以下の図に寒冷前線面を破線で書き込み、その前線面の特徴を記述せよ。（解答と解説P.330）

図　美浜（和歌山県）の高層風時系列図

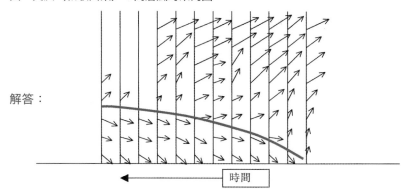

解答：

時間

・日時：XX年12月5日

※時間は右から左へ、矢印は風の進行方向を示す（たとえば、矢印が真上を向いた場合は南風となる）。

解答：通過直後は傾斜が急だが、その後は緩やか。

①判断（〇　×）

②×の場合は修正し、その理由

7．図5より、本州の日本海側の輪島と太平洋側の東京の天気の違いを、気象庁天気種類表（国内式）に基づいて記述せよ。（解答と解説P.331）

解答：輪島でしゅう雪、東京で晴れ。

①判断（〇　×）

②×の場合は理由

8. 東京で晴れまたは快晴になった理由を、図5の本州の日本海側の天気、図6の下層風と鉛直流、図7の地形に着目して記述せよ。（解答と解説P.332）

解答：下層で北西風のため風上側の日本海側で地形によって上昇し、降水となって水分を落として乾燥した空気が太平洋側の東京に下降したから。

①判断（○　×）
②×の場合は理由

9. 図8の雲域A・Bの主な特徴を、気象衛星画像の輝度と形状に着目して記述せよ。（解答と解説P.332）

解答：赤外・可視画像で非常に明るい積乱雲である。

①判断（○　×）
②×の場合は理由

10. 問題9で着目した雲域のことを、一般に何というか。以下a〜cの中から正しいものを1つ選べ。（解答と解説P.333）
a：テーパリングクラウド　　b：クラウドクラスター　　c：オープンセル

解答：クラウドクラスター

①判断（○　×）
②×の場合は理由

11. 図8より、日本海上に見られる主な雲を十種雲形で答え、その雲と判断した理由を記述せよ。（解答と解説P.333）

解答：霧

①判断（○　×）

②×の場合は理由

解答：可視画像で明るく、赤外画像で暗く写っているから。

①判断（○　×）

②×の場合は理由

12. 図9より、台風の進路の東側と西側の強風域の大きさが異なる理由を、台風の進行方向に着目して記述せよ。（解答と解説P.334）

解答：台風の進路の右側に当たる東側では台風固有の風に台風の移動速度が加わるから。

①判断（○　×）

②×の場合は理由

13. 図9より、台風の暴風域の半径は、7日9時に比べて8日9時では何海里小さくなると予想されているか。0を基準として、10海里刻みで答えよ。（解答と解説P.334）

解答：35海里

①判断（○　×）

②×の場合は理由

14. 図10によると、問題12・13で考察した台風は、850hPaより300hPaのほうが不明瞭になっている。この理由を、台風の温度構造を基に記

述せよ。ただし、台風の中心は、850hPa から 300hPa にかけて暖気核
を有するものとする。（解答と解説P.335）

解答：台風の中心が周囲より暖かく大気密度が小さいため、上層の300hPa
　　　のほうが低気圧として不明瞭になった。

①判断（○　×）
②×の場合は理由

15. 次の記号は、7日9時の鹿児島の地上気象観測記号である。気圧の下降
　　量を答えよ。（解答と解説P.336）

解答：－2.4

①判断（○　×）
②×の場合は理由

16. 図11は7月3日14時33分の注意報・警報発表状況である。兵庫県にお
　　ける防災上の特記事項を示した文を記述せよ。（解答と解説P.336）

解答：これまでの大雨で地盤が緩んでいるところがありますので、土砂災
　　　害、浸水害や河川の増水に注意してください。また、落雷や突風、竜
　　　巻に警戒してください。

①判断（○　×）
②×の場合は理由

資料図

図1 〈地上天気図〉 XX年12月5日9時（00UTC）

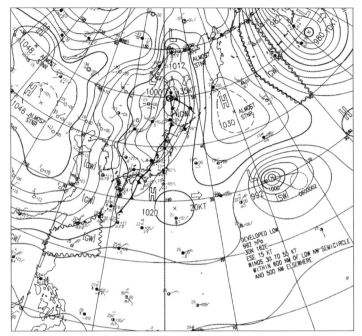

・実線：気圧（hPa）
・矢羽：風向・風速（ノット）、短矢羽：5ノット、長矢羽：10ノット、旗
　矢羽50ノット

図2 〈850hPa気温・風（℃）、700hPa上昇流解析図〉XX年12月5日9時（00UTC）

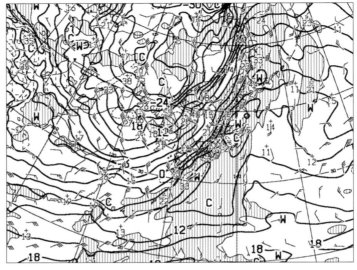

・太実線：850hPa気温（℃）、破線・細実線：700hPa鉛直p速度（hPa/h）、
　網掛け域：上昇流

・矢羽：850hPa風向・風速（ノット）、短矢羽：5ノット、長矢羽：10ノッ
　ト、旗矢羽：50ノット

図3 〈500hPa天気図〉 XX年12月5日9時（00UTC）

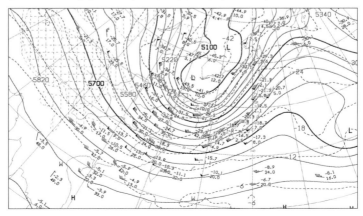

・実線：高度（m）、破線：気温（℃）
・矢羽：風向・風速（ノット）、短矢羽：5ノット、長矢羽：10ノット、旗
　矢羽：50ノット

図4　〈気象衛星画像〉　XX年12月5日9時（00UTC）

赤外画像

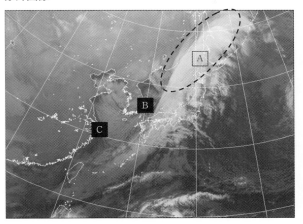

水蒸気画像

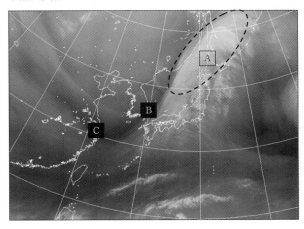

図5 〈地上天気図〉 XX年12月26日9時（00UTC）

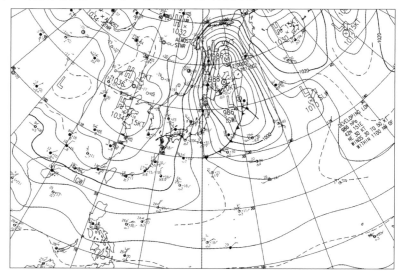

・実線：気圧（hPa）

・矢羽：風向・風速（ノット）、短矢羽5ノット、長矢羽10ノット、旗矢羽
50ノット

・記号：米子の観測記号　　　　　輪島の観測記号　　　　　秋田の観測記号

東京の観測記号　　　潮岬の観測記号

図6 〈850hPa気温・風(℃)、700hPa上昇流解析図〉XX年12月26日9時(00UTC)

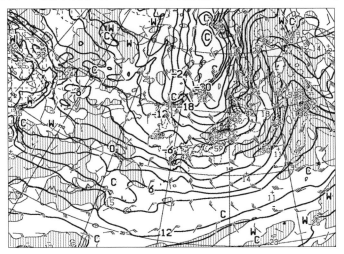

・太実線：850hPa気温（℃）、破線・細実線：700hPa鉛直p速度（hPa/h）、
　網掛け域：上昇流
・矢羽：風向・風速（ノット）、短矢羽5ノット、長矢羽10ノット、旗矢羽
　50ノット

図7 〈地形図〉

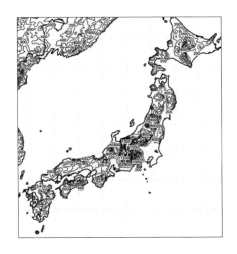

図8 〈気象衛星赤外画像〉

XX年6月24日9時（00UTC）

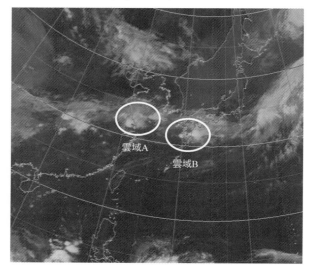

〈気象衛星可視画像〉

XX年6月24日9時（00UTC）

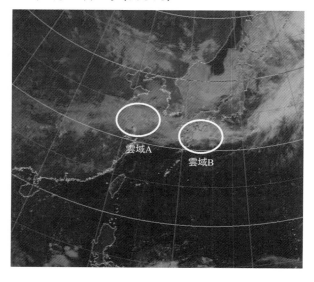

図9 〈進路予想図〉 XX年10月7日9時（00UTC）

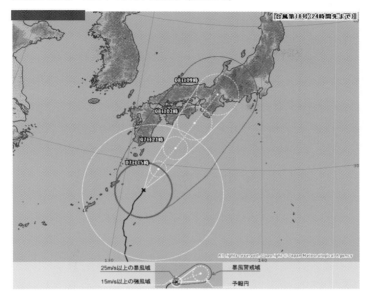

図10 〈300hPa天気図〉XX年10月7日9時（00UTC）

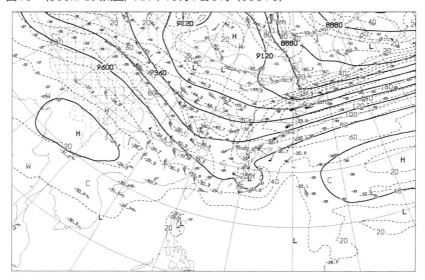

〈850hPa天気図〉

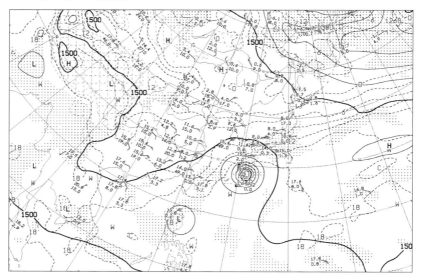

図11　XX年7月3日14時33分（JST）　注意報・警報発表領域

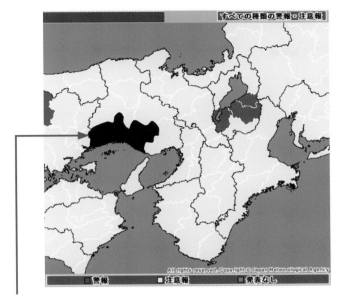

・黒い領域：大雨警報（土砂災害）発表中

シナリオ読解

〈地上天気図〉　XX年３月４日９時（00UTC）

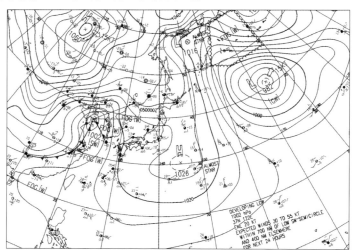

シナリオ例

※３月のため、降雪の可能性があることに留意

❶主役になる気象擾乱

　山東半島付近にある日本海低気圧（温帯低気圧）

❷大まかな問題の構成

　①気圧配置の読み取り（地上・高層）

　②発達する低気圧の特徴→天気図と衛星画像を使って解析。

　※急速に発達する可能性あり→海上暴風警報が発表され、今後24時

　　間以内に発表基準に達する見込みだから

　③温暖前線通過前→日本海上の霧とその成因

　　（海上濃霧警報が発表されていることから）

④寒冷前線通過前→日本海側のフェーン現象→高温、乾燥、強風。災害として火災。積雪地帯では融雪、雪崩も。

（雪が積もっている時期であることを忘れずに！）

⑤前線解析（主に寒冷前線）→850hPa等温線・等相当温位線・風

前線面解析→ウインドプロファイラを使って解析。気温の状態曲線からおおよその高度の推定。

前線通過時に注意すべき現象と災害→短時間強雨、落雷、突風、降雹、雪崩、融雪

寒冷前線のタイプ→アナフロントかカタフロントか。

（アナフロントの問題が一般的だがカタフロントが出題されたこともある）

⑥通過後は冬型の気圧配置に移行する可能性

⑦北日本は発達した低気圧による災害→高潮の可能性

⑧風が強まることから波も高まる→天気図の波高の意味（有義波高）、風浪の特徴、発達条件

演習問題2

〈地上天気図〉 XX年3月9日9時（00UTC）

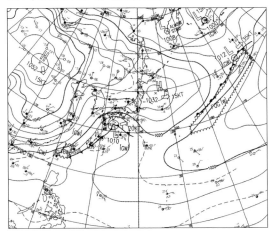

❶**主役になる気象擾乱**

　四国の南にある温帯低気圧（南岸低気圧）

❷**大まかな問題の構成**

　発達条件→天気図や衛星画像を使って解析。演習問題1の日本海低気圧と重なる部分が多い。

　※ただし、本州の南岸を東進するときは大きく発達はしない。→東に進むのは偏西風の波動が弱いから。北東進するようになると急速に発達する（関東の東海上に出てから北東進ことが多い）。海上警報がSWではなくGWであることに留意（急速に発達する場合はSWのことが多い）。

　前線面解析←温暖前線面をエマグラムやウインドプロファイラを使って解析。関東の降雪と密接に関連。

　太平洋側の雪←構成の柱（必ず聞かれる最重要事項）。雨雪判別表を使う。関東がメインに扱われることが多い。

　降雪の深さの計算←湿り雪なので雪の密度は比較的大きい。

　注意または警戒すべき気象現象←大雪・風雪・着雪・低温・高波（特に青字の部分は重要）

　※本州は前線が通過しないので前線通過前後の問題がメインになることは少ない。聞かれるとすると温暖前線か。

　※太平洋側の雪は乱層雲主体。しゅう雨性降水ではない。
　（太平洋側の雪と関連するため）

　※フェーンや暖域内の降水について聞かれるのは主に日本海低気圧。南岸低気圧ではまず尋ねられない。
　（南岸低気圧の場合、本州は常に前線の寒気側に位置するため）

第1編

演習問題3

〈500hPa天気図〉 XX年5月12日21時（12UTC）

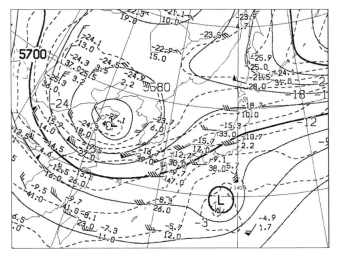

第2編

シナリオ例

❶主役になる気象擾乱

　黄海にある寒冷低気圧

❷大まかな問題の構成

　低気圧の構造の特徴←中心に寒気を持つが対流圏界面付近では周囲
　より暖かい。

　←上層ほど明瞭、下層ほど不明瞭な低気圧。地上天気図では現れな
　　いこともある。

　　（試験では500hPaの天気図を確認させる場合が多い）

　動きの特徴←強風軸から切り離されているため動きが遅い（切離低
　気圧）。

　安定度←大気の状態が不安定（主に南東象限）。SSIなどで安定度を
　見積もらせることもある。

　演習問題3では、本州の南にある台風が下層に暖湿な空気を流れ込ま
　せて、より不安定になる可能性もある。

注意または警戒すべき気象現象←落雷・突風・降雹・短時間強雨

（動きが遅いため不安定な状態が継続することがあることに留意）

演習問題4

〈地上天気図〉　XX年10月7日9時（00UTC）

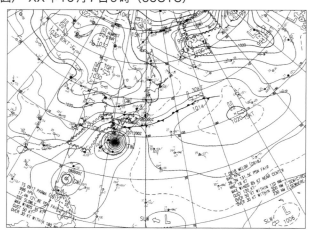

シナリオ例

❶主役になる気象擾乱

鹿児島の南にある台風

※台風北側にある秋雨前線にも留意

❷大まかな問題の構成

注釈の読み取り←台風の強さ・大きさ

低気圧の構造の特徴←中心が周囲より暖かい。潜熱の放出による。

※台風の目の中が暖かいのは下降流による断熱昇温

←下層ほど明瞭、上層ほど不明瞭な低気圧で対流圏界面付近では高
　気圧になる。

風の特徴←境界層上端（約2km）で最大

←動径速度（中心に向かう風成分）は境界層内で最大

←中心から30kmから100km離れたところで風速が最大。それより
　中心に近くなると風が弱まる。
　（遠心力が大きくなるため）
←移動速度が速いほど進行方向右側と左側の風の強さ（あるいは強
　風域や暴風域の半径）が異なる。
←台風固有の風速に移動速度が加わると進路の右側で風が強くなる
　（強風域や暴風域が大きくなる）。
中心付近の活発な対流雲域→アイウォール
中心を取り巻く螺旋状の降雨帯→スパイラルバンド
勢力を雲画像で判断→ドボラック法
※ドボラック法：衛星画像を用いた熱帯擾乱の解析手法で、熱帯擾乱
　の中心位置と強度（中心気圧と最大風速）を推定できる。
温帯低気圧化←転向後、傾圧帯に近づくと温帯低気圧に変わる。
←台風の特徴が不明瞭になり、代わりに温帯低気圧の特徴を帯びて
　くる。
注意または警戒すべき気象現象←大雨・落雷・突風（竜巻など含
む）・降雹・強風（暴風）・高波・高潮
（台風の北側に前線がある場合、前線の活動が活発化し先行降雨が多
くなることもある）
※高波→風浪だけでなくうねりもある。風浪とうねりの違い。
※高潮→吸い上げ効果、吹き寄せ効果。高潮の起こりやすい地形。
※暴風・大雨→進路予想図を使って考えさせる問題が多い。トレー
　シングペーパーを使用。
※天気図にトレーシングペーパーを乗せ転記したい低気圧（L）の位
　置と低気圧から一番近い緯度・経度が交わっている部分4か所の
　印を付ける。そのトレーシングペーパーを、転記したい別の天気
　図の同じ緯度・経度が交わっている部分4か所にあわせると、正確
　に転記できる。

〈地上天気図〉　XX年7月26日9時（00UTC）

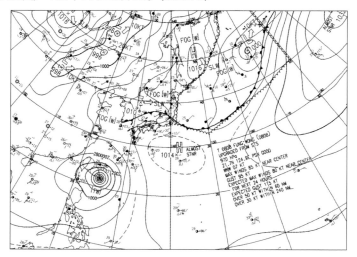

シナリオ例

---

❶主役になる気象擾乱

　梅雨前線（北東気流も主役になる可能性がある。ただし、出題例は少ない）

❷大まかな問題の構成

①梅雨前線

　　前線解析と前線の南北の気温・露点の比較（南北の温度傾度、相当温位傾度の違い）←特に西日本以西において温度傾度は小さいが水蒸気傾度は大きい。

　　ジェット気流との対応←亜熱帯ジェット気流

　　雲判別←クラウドクラスターに着目させる。湿舌と対応。

　　不安定（対流不安定・潜在不安定）←前線近傍南側。湿舌付近。

　　前線の北側と南側の状態を比較させることもある。

　　（相当温位に着目させるのは、対流不安定について尋ねられていると考えること）

　　※前線の北側は安定成層で乱層雲による地雨主体だが、上空に寒
　　　気が流れ込む場合は不安定になり、積乱雲が発達することもあ
　　　る。また、前線北側は霧も発生しやすい（移流霧が多いが状況
　　　によっては蒸気霧が発生することもある）。
　　注意または警戒すべき気象現象←大雨・落雷・突風（竜巻など含
　　む）・降雹（ただし、気温が高いため注意事項から外れることが多
　　い）。場合によっては強風・高波
　②北東気流（やませ）
　　地上天気図上にオホーツク海や千島付近の高気圧があれば要注意。
　　上空の天気図（たとえば500hPa）を用いて偏西風の蛇行状態やブ
　　ロッキング状態を尋ねられる可能性がある。
　　太平洋側と日本海側の天気の違いとその原因（主に東北地方）
　　注意すべき気象現象←太平洋側の霧・霧雨・低温・日照不足

演習問題6

〈地上天気図〉 XX年12月26日9時（00UTC）

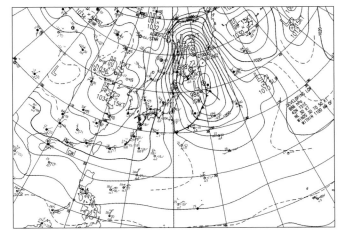

❶主役になる気象擾乱

　冬型（山雪型）

❷大まかな問題の構成

　気団変質

　衛星画像から見た寒気の強弱判断→離岸距離

　日本海側と太平洋側の天気の違い

　降雪深さの計算→南岸低気圧が降らす太平洋側の雪より雪の密度が
　小さいため、降水量が少なくても降雪深は高くなることもある。

　注意または警戒すべき気象現象←大雪・落雷・突風（竜巻など含
　む）・まれに降雹・強風または風雪（暴風または暴風雪）・着雪・高
　波・雪崩・低温・着氷

　※風の吹走距離が長くなるところでは、特に高波に注意。

　〈山雪型の特徴〉

　等圧線が縦縞。上空の天気図（500hPa 天気図）では、東谷で日本海
　上は筋状の対流雲。日本海側の山沿いを中心に雪。

　※ただし、山脈の標高が低いと太平洋側まで雪雲が流れ込むことも
　　ある（たとえば、北西風のときの名古屋）。

　　夏の積乱雲と冬型での積乱雲の雲頂高度の違い

演習問題7

〈地上天気図〉 XX年12月5日9時（00UTC）

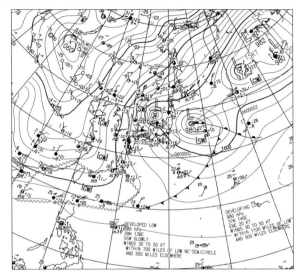

シナリオ例

---

❶主役になる気象擾乱

日本海のメソ低気圧（ポーラーロー）、里雪型

❷大まかな問題の構成

〈里雪型の特徴〉

等圧線が袋状。日本海に谷や寒気中心があることが多い。平野部を中心に雪。

JPCZ（日本海寒帯気団収束帯）パターン→収束線解析

ポーラーローパターン→コンマ雲低気圧。尾に当たるところで落雷・突風・降電・短時間強雨（寒気の強さによっては短時間に強い雪をもたらす。演習問題7ではこのパターンの可能性が高い）

上空の気圧の谷が東に抜け、ポーラーローもなくなると山雪型に移行することもある。

図でも九州は山雪型の特徴となっているため、そちらの特徴が聞か

れる可能性もある（演習問題6参照）。

山雪型より風は弱いことが多い。

対策のポイント

　主役を見抜いて出題パターンを思い浮かべながら問題を解くと、解答時間短縮につながります。過去問題を使って試してみてください。

問題読解と解答表現

1. サハリン付近にある低気圧が今後発達すると予想される根拠を、図1と図3を用いて地上低気圧と500hPaトラフの位置関係に着目して記述せよ。

解答：地上低気圧と500hPaトラフを結ぶ気圧の谷の軸が西に傾いている。

①判断（　×　）
②×の場合は理由

> 「位置関係」に着目したことが、わかるような表現が望ましい。
> 正しくは、「地上低気圧の西側に500hPaトラフが位置する」
> ※「地上低気圧の西側に500hPaトラフが傾いている」といった答えもよく見受けられるが、間違い。

2. サハリン付近にある低気圧が今後急速に発達すると考えられる根拠を、図2の850hPaの温度移流に着目して記述せよ。

解答：低気圧の進行前面で暖気移流と上昇流、進行後面で寒気移流と下降流があるから。

①判断（　×　）
②×の場合は理由

問題では「850hPa温度移流に着目」と書いてあるのに、上昇流・下降流の記述も付けている。

また、「急速に」に対応する「強い」といった言葉がほしいところ。

正しくは、「低気圧の進行前面で強い暖気移流、進行後面で強い寒気移流があること」

※問われていることのみ答えるように。不要なことは書かない。

3. サハリン付近にある低気圧の北側に見られる高気圧性曲率を持つ雲域（図4の領域A）の成因を、下層の温度と気流に着目して記述せよ。

解答：低気圧の進行前面で暖気移流と上昇流、進行後面で寒気移流と下降流があるから。

①判断（　×　）

②×の場合は理由

バルジの形成は進行前面の暖気移流と上昇流による。進行後面の寒気移流や下降流は直接関係しない。

正しくは、「低気圧の進行前面の暖気移流と上昇流による」

4. 図4の領域B・Cの大気の状態を、図3の観測値も参考に簡潔に記述せよ。

解答：乾燥域である。

①判断（　×　）

②×の場合は理由

水蒸気画像でわかるのは、あくまでも「大気中上層」の水蒸気の多寡であって、下層の状況はわからない。出題者にそのことを知っているか確認する意図があるのは、「図3の観測値も参考に」とあるところから読み取れる。

正しくは、「大気（または対流圏）中上層は乾燥域である」

5. 以下の図の枠内に前線を太実線で書き込み、位置を決めた判断理由を、温度場に着目して記述せよ。

図　850hPa 気温・風、700hPa上昇流12時間予想図

解答：

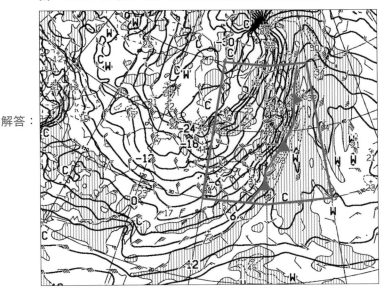

・太実線：850hPa気温（℃）、破線・細実線：700hPa鉛直p速度（hPa/h）、網掛け域：上昇流

・矢羽：850hPa風向・風速（ノット）、短矢羽：5ノット、長矢羽：10ノット、旗矢羽：50ノット

・初期時刻：XX年12月5日9時（00UTC）

解答：等相当温位線の集中帯の南側の縁と風のシアの大きいところだから。

①判断（　×　）

②×の場合は修正し、その理由

> 前線解析→問題文では「太実線」で解析とあるため、前線記号が不要。
> 位置は正しい（解答例省略）。
> 判断理由→等相当温位線ではなく等温線である。
>   南側の縁ではなく、南東または東側の縁である。
>   問題文では「風の場に着目」とは書いていないため、風のシアの記述
>   が不要。
>   正しくは、「等温線集中帯の南東側の縁だから」

6．以下の図に寒冷前線面を破線で書き込み、その前線面の特徴を記述せよ。

図　美浜（和歌山県）の高層風時系列図

解答：

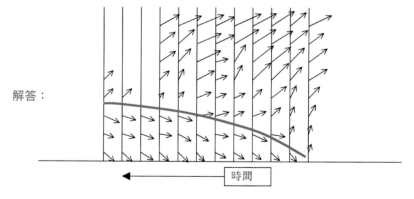

時間

・日時：XX年12月5日

※時間は右から左へ、矢印は風の進行方向を示す（たとえば、矢印が真上を向いた場合は南風となる）。

解答：通過直後は傾斜が急だが、その後は緩やか。

①判断（　×　）

②×の場合は修正し、その理由

> 問題文では前線面を「破線」で書き込めとあるのに、実線で書いてある。
>
> また、解析した前線面と特徴の答えが合っていない。つまり、前線面の傾斜に顕著な変化がないにも関わらず、特徴では、「通過直後は傾斜が急」との解答に矛盾がある。
>
> ※問題の流れから、出題者が寒冷前線面の特徴（通過直後は急でその後緩やか）を尋ねていると読むなら、特徴はそのままで、前線面解析を解答例のように改めるべき。

前線面解析 解答例

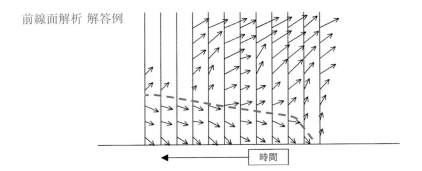

時間

7．図5より、本州の日本海側の輪島と太平洋側の東京の天気の違いを、気象庁天気種類表（国内式）に基づいて記述せよ。

解答：輪島でしゅう雪、東京で晴れ。

①判断（　×　）

②×の場合は理由

気象庁天気種類表（国内式）は15種類に天気を分類しているが、その中に「しゅう雨」や「しゅう雪」はない。よって、「しゅう雪」は「雪」になる。

また、大気現象がない場合は全雲量で天気を判断し、全雲量が8分の1のときは「快晴」となる。

正しくは、「輪島で雪、東京で快晴」

※「国際式で答えよ」であれば、「輪島で弱いしゅう雪、東京で快晴」となる。

8. 東京で晴れまたは快晴になった理由を、図5の本州の日本海側の天気、図6の下層風と鉛直流、図7の地形に着目して記述せよ。

解答：下層で北西風のため風上側の日本海側で地形によって上昇し、降水となって水分を落として乾燥した空気が太平洋側の東京に下降したから。

①判断　（　×　）

②×の場合は理由

水分を落として乾燥するのではなく、水分を落とした空気が下降する際に断熱昇温を起すため、乾燥する。一見、正しいように見えるが、順序が間違い。

正しくは、「下層で北西風のため風上側の日本海側で地形によって上昇し、降水となって水分を落とした空気が、太平洋側に下降する際に断熱昇温して乾燥するため」

9. 図8の雲域A・Bの主な特徴を、気象衛星画像の輝度と形状に着目して記述せよ。

解答：赤外・可視画像で非常に明るい積乱雲である。

①判断 （　×　）

②×の場合は理由

> 問題では、輝度と形状に着目とある。雲形は尋ねていない。
> 正しくは、「赤外・可視画像で非常に明るく、団塊状である」

10. 問題9で着目した雲域のことを、一般に何というか。以下a〜cの中から正しいものを1つ選べ。

a：テーパリングクラウド　　b：クラウドクラスター　　c：オープンセル

解答：クラウドクラスター

①判断 （　×　）

②×の場合は理由

> 問題では、「以下a〜cの中から（記号で答えよ）」とある。
> 正しくは、「b」
> ※意外とこのような単純ミスが多いため、注意する。

11. 図8より、日本海上に見られる主な雲を十種雲形で答え、その雲と判断した理由を記述せよ。

解答：霧

①判断 （　×　）

②×の場合は理由

> 霧は十種雲形にはない。
> 正しくは、「層雲」

解答：可視画像で明るく、赤外画像で暗く写っているから。

①判断（　×　）
②×の場合は理由

> 解答は、下層雲の判断根拠にはなりうるが、層雲だけでなく、積雲も同じように写る。
> ここでは、もう一歩踏み込んで「雲表面の滑らかさ」まで言及したい。
> 正しくは、「可視画像で明るく、赤外画像で暗く写っており、表面が滑らかであるから」
> ※積雲の場合は雲表面が凸凹している。

12. 図9より、台風の進路の東側と西側の強風域の大きさが異なる理由を、台風の進行方向に着目して記述せよ。

解答：台風の進路の右側に当たる東側では台風固有の風に台風の移動速度が加わるから。

①判断（　×　）
②×の場合は理由

> 問われているのは、「東側と西側の強風域の大きさが異なる理由」
> 上記の解答は「進路の右側が左側より強風域が大きくなる理由」である。質問に対する答えと異なる。
> 正しくは、「台風固有の風に台風の移動効果による風が加わって、進路の右側に当たる東側では風が強まり、左側の西側では風が弱まるため」

13. 図9より、台風の暴風域の半径は、7日9時に比べて8日9時では何海里小さくなると予想されているか。0を基準として、10海里刻みで答えよ。

解答：35海里

①判断（　×　）

②×の場合は理由

> 問題で0を基準として10海里刻みと書いてあるため、35海里は間違い。
> 正しくは、「40海里」

14. 図10によると、問題12・13で考察した台風は、850hPaより300hPa
のほうが不明瞭になっている。この理由を、台風の温度構造を基に記
述せよ。ただし、台風の中心は、850hPaから300hPaにかけて暖気核
を有するものとする。

解答：台風の中心が周囲より暖かく大気密度が小さいため、上層の300hPa
のほうが低気圧として不明瞭になった。

①判断（　×　）

②×の場合は理由

> 高層天気図で低気圧として不明瞭になるのは、周囲との高度差がなくな
> ることを意味する。
> よって、その理由を書く際には「層厚」の記述が必要になってくる。
> 正しくは、「台風の中心が周囲より暖かいため、中心の大気密度が小さ
> く層厚が大きくなるため、300hPaのほうが低気圧として不明瞭になっ
> た」

15. 次の記号は、7日9時の鹿児島の地上気象観測記号である。気圧の下降量を答えよ。

解答： − 2.4

①判断 （　×　）
②×の場合は理由

> 気圧「下降量」を尋ねているため、マイナスは不要。もし「変化量」なら、必要になる。また、単位も忘れずに書く。
> 正しくは、「2.4hPa」
> ※類似の問題で気温減率を尋ねる問題があるが、高度とともに気温が下がる場合はマイナスを付けないこと。気温減率が負であることは「逆転層」であること意味する。

16. 図11は7月3日14時33分の注意報・警報発表状況である。兵庫県における防災上の特記事項を示した文を記述せよ。

解答：これまでの大雨で地盤が緩んでいるところがありますので、土砂災害、浸水害や河川の増水に注意してください。また、落雷や突風、竜巻に警戒してください。

①判断 （　×　）
②×の場合は理由

大雨警報（土砂災害）が発表されている地域があるため、土砂災害は注意ではなく「警戒」。

また、雷は注意報のため、落雷、突風、竜巻に「注意」になる。

正しくは、「これまでの大雨で地盤が緩んでいるところがありますので、土砂災害に厳重に警戒してください。また、浸水害や河川の増水、落雷や突風、竜巻に注意してください」

※大雨警報が発表された場合、警戒事項が土砂災害なのか浸水害なのか、あるいは、その両方なのかがわかりやすいように付加されている。

例：大雨警報（土砂災害）、大雨警報（浸水害）、大雨警報（土砂災害浸水害）

▌対策のポイント

　まったくわからずに問題が解けなかった場合は諦めもつきますが、問題文をよく読まなかったり、意図を把握できなかったりしたことが原因で間違うと、非常に悔しい思いをします。

　特に、理由や判断根拠を問うものには、解答条件が付与されている場合が多いです。意識をして問題に取り組みましょう。よい解答は、その文章から問題文が思い浮かびます。自分の解答を振り返って、問われていることと解答がずれていないかを精査してみてください。

　具体的には、最新のものから過去3年分（5〜6回分）程度の過去問題を、問題のストーリーを意識しながら数回解いてください。どのような問われ方をするか、どのように答えたらよいかを学んでください。

　気象に関する知識に問題読解力と解答表現力が合わされば、合格が期待できます。健闘を祈ります！

索引

【著者紹介】

日本気象株式会社　お天気学園
（にほんきしょうかぶしきがいしゃ　おてんきがくえん）

日本気象株式会社は、社会の安全・安心や気候変動・エネルギー問題の解決など、豊かな未来の実現を支えている。

その一環として「お天気学園」を運営し、難関と呼ばれる気象予報士資格取得を目指す方のための講座や、企業や学校向けのセミナーを開催するなど、気象予報士の育成や環境・防災教育に取り組んでいる。

講座では実際の予報業務も担当する気象予報士が講師を務め、毎年多くの気象予報士試験合格者を輩出している。

日本気象株式会社　お天気学園　https://n-kishou.com/gakuen/yohoushi/

弱点克服！
気象予報士試験（学科試験・実技試験）
合格対策総仕上げ

2024年6月10日　初版第1刷発行

著　者——日本気象株式会社　お天気学園
　　　　　Ⓒ2024 Japan Meteorological Corporation. Otenki Gakuen
発行者——張 士洛
発行所——日本能率協会マネジメントセンター
〒103-6009 東京都中央区日本橋2-7-1　東京日本橋タワー
TEL 03(6362)4339（編集）／03(6362)4558（販売）
FAX 03(3272)8127（編集・販売）
https://www.jmam.co.jp/

装　丁———後藤紀彦（sevengram）
本文DTP——株式会社森の印刷屋
印　刷———シナノ書籍印刷株式会社
製　本———東京美術紙工協業組合

本書の内容に関するお問い合わせは、2ページにてご案内しております。

ISBN 978-4-8005-9218-7 C3051
落丁・乱丁はおとりかえします。
PRINTED IN JAPAN

生成AIパスポート テキスト＆問題集

一般社団法人生成AI活用普及協会
（GUGA）　監修

A5判192頁

2023年8月、生成AI活用普及協会（GUGA）により、資格試験「生成AIパスポート」が開始されました。本試験は、生成AIに関する基礎知識や簡易的な活用スキルの可視化を目指すもので、AIを使ったコンテンツ生成の方法や事例、企業に求められるコンプライアンス、注意点などを問うものです。本書は、実施団体の公式テキストのポイントをまとめた解説と、実際の試験（非公開）に倣った模擬問題を収録した、実施団体「公認」の書籍です。

「単位から公式を導く」「公式から単位を決める」

世界は単位と公式でできている

福江 純　著

A5判192頁

「単位を見れば公式がわかり」ます。またその逆で、「公式を見ればその単位もわかり」ます。7つのSI基本単位を元にあらゆるものが組立単位で表現でき、そしてその単位を元に、世界の理である公式が導かれています。本書では、読者自ら「単位から公式を導き」「公式から単位を知り」ます。難しくはありません。たとえば、地球の質量と半径からgを算出したり、地球からの脱出速度を計算したり、世界一有名な数式「E＝mc^2」を単位の視点から導いてみたりします。簡単な計算によって、世界の理を導き出してみてください。